中国电建集团西北勘测设计研究院有限公司

三维地质建模与分析方法及工程应用

王小兵 骆晗 许晓霞 刘杰 等 编著

中国水利水电出版社
www.waterpub.com.cn
·北京·

内 容 提 要

本书将多年实践的三维地质建模与分析设计一体化方面的技术、成果以及经验进行了归纳总结。主要内容包括以下六个部分：第一部分是三维地质建模技术；第二部分是三维地质建模数据库的建立；第三部分是针对水电工程及岩土工程的三维地质建模实现方式；第四部分是基于三维地质建模成果的分析应用；第五部分是基于三维地质建模成果的岩体工程设计，主要针对边坡工程及隧洞工程；第六部分是三维地质建模与分析设计一体化平台的工程应用。

本书主要适用于从事地质勘察、地质三维数字化、岩体工程设计工作及其他感兴趣的人员参考使用。

图书在版编目（CIP）数据

三维地质建模与分析方法及工程应用 / 王小兵等编
著. -- 北京：中国水利水电出版社，2023.11
ISBN 978-7-5226-2075-6

Ⅰ．①三… Ⅱ．①王… Ⅲ．①三维－地质模型－建立
模型－研究 Ⅳ．①P628

中国国家版本馆CIP数据核字(2023)第235701号

书　　名	三维地质建模与分析方法及工程应用 SANWEI DIZHI JIANMO YU FENXI FANGFA JI GONGCHENG YINGYONG	
作　　者	王小兵　骆　晗　许晓霞　刘　杰　等 编著	
出版发行	中国水利水电出版社 （北京市海淀区玉渊潭南路 1 号 D 座　100038） 网址：www.waterpub.com.cn E-mail：sales@mwr.gov.cn 电话：(010) 68545888（营销中心）	
经　　售	北京科水图书销售有限公司 电话：(010) 68545874、63202643 全国各地新华书店和相关出版物销售网点	
排　　版	中国水利水电出版社微机排版中心	
印　　刷	清淞永业（天津）印刷有限公司	
规　　格	184mm×260mm　16 开本　12.5 印张　312 千字	
版　　次	2023 年 11 月第 1 版　2023 年 11 月第 1 次印刷	
印　　数	0001—1000 册	
定　　价	**98.00 元**	

本书编委会

主　　编　　王小兵　骆　晗　许晓霞　刘　杰
副主编　　安晓凡　冯秋丰　巨广宏　高　静
参编人员　　朱焕春　葛瑞华　杨天俊　颜英军　郭福忠
　　　　　　关启文　刘蔚杨

编制单位　　中国电建集团西北勘测设计研究院有限公司

随着计算机技术的飞速发展，三维地质建模技术越来越受到地学界的重视，并成为地质可视化技术的一个热点。到目前，已经形成了相当的规模，各类软件层出不穷，但主要针对石油和矿山行业，而针对土木和民用工程行业的三维地质建模技术发展相对滞后，尚未达到实用水平。但是，这些行业的结构三维设计技术已相当成熟，并在进一步大力推广 BIM 技术的工程应用，三维地质建模技术的不成熟性已经成为制约行业发展的瓶颈，成为普遍关注、急需解决的问题。

针对该需求，中国电建集团西北勘测设计研究院有限公司（以下简称西北院）于 2014 年通过科技立项，与加华地学（武汉）数字技术有限公司合作，历时 4 年开发了完成了"地质工程三维建模与分析设计一体化平台"的研究。中国电力规划设计协会于 2016 年 10 月 11 日在北京对西北院"地质工程三维建模与分析设计一体化平台"进行了评审，其中王思敬院士作为评审委员会专家组长给予很高的评价：该系统结构合理、功能完善、界面友好、操作便捷，能够显著提高地质工程三维建模与分析设计的质量和效率，具有明显的经济效益和社会效益，推广应用前景广阔，达到国际领先水平。此后连续获得中国电力规划设计协会的科技进步一等奖、软件一等奖等奖项。

三维地质建模与分析设计一体化是指按照大岩土工作理念实现岩土体工程勘察、分析和设计全流程的三维计算机化工作模式。本书将多年实践的三维地质建模与分析设计方面的技术、成果以及经验进行了归纳总结。全书共 10 章，其中：第 1 章为绪论；第 2 章为三维地质建模分析软件；第 3 章为建模数据库；第 4 章为在线数据库与钻孔 App 的应用；第 5 章为岩体（水电）建模；第 6 章为土体建模；第 7 章为二维出图操作应用；第 8 章为工程地质分析；第 9 章为基于三维地质模型的岩土设计；第 10 章为工程应用案例，以多个水电项目为例，详细介绍了三维地质建模分析软件的应用场景与功能实现，达到了服务工程项目的目的。

本书由王小兵整体策划并统稿，第 1～2 章由王小兵、许晓霞编写，第 3～5 章由刘杰、高静、葛瑞华编写，第 6～7 章由冯秋丰、安晓凡编写，第

8～10 章由骆晗、杨天俊、颜英军编写，全书由骆晗校核。

本书在编写过程中得到了朱焕春、李树武、郭福忠等诸多专家的指导和肯定，在此不能一一列举，谨向他们表示深深的谢意。

由于编者的水平有限，书中难免有错误或不足之处，敬请读者批评指正。

作者

2023 年 3 月

目录

第 1 章

绪　　论

1.1 概述

中华人民共和国住房和城乡建设部（以下简称住建部）颁布的《2016—2020年建筑业信息化发展纲要》（简称《发展纲要》）明确了建筑行业各类企业、市场监管机构信息化工作的重点和要求。勘察数字化、信息化是《发展纲要》的工作任务，包括勘察质量监管和勘察业内三维数字化两大内容。

1. 三维地质建模技术

三维地质建模与应用是勘察信息化的重要组成部分，三维地质建模技术在国际上首先应用于石油行业，其次是矿山，再次是规模相对较大和地质条件相对复杂的大型民用工程，如水电站等。

三维地质建模技术的市场需求与其成熟度之间的关系总体归纳为以下方面：

（1）国际上三维地质建模技术的应用功能面向石油和矿山等资源型行业开发，地质建模关注的重要对象是地质构造及其决定的资源储存特征。这些技术和相关功能可以应用于岩土工程勘察，但效率低下，缺乏实用价值。国内水电行业发展历程证明了这一点，早在2007年，长江水利委员会长江勘测规划设计研究院等单位引进了国际上功能最强大的三维地质建模软件GoCAD，所创建的模型精度也能满足要求，但在遇到覆盖层、卸荷带等水电行业常见的地质体时，建模效率低下，而用于土层为主的移民场址勘察时，整理资料、建模过程的时间消耗使其基本失去了应用价值。

（2）国际岩土工程市场分化严重，发达国家具备开展岩土勘察信息化的经济和技术条件，但其市场容量很小，缺乏足够的需求，限制了发展。基础建设欠发达的国家和地区，岩土工程勘察潜在市场庞大，但经济和技术条件不足。

可以看出，岩土工程勘察信息化在我国建筑行业一枝独秀，国内发展情况基本代表了国际动态。21世纪的前10年，岩土工程勘察信息化在建筑行业还属于新鲜事物，研发机构和人员鲜见。当时条件下国内为数不多的三维地质建模技术研究工作局限在少数几家高端研究机构，如北京大学、中国科学院地质与地球物理研究所、中国地质大学等，基本以科学研究为主，处于产业化的初级阶段，服务对象主要是国土资源。

2. 发展历程和现状

在住建部倡导推广应用信息化技术以后，三维地质建模技术的研发开始面向岩土工程勘察行业的需求，虽然岩土工程勘察信息化的任务还包括外业质量监管，但核心仍然是三维地质建模。近年来的发展历程和现状可以概括如下：

（1）受研发机构资源的影响，岩土工程勘察信息化主要采用了监管与三维分离的技术路线。部分具备研发能力的大型勘察设计类企业、相当数量的小规模科技公司则致力于三维地质建模技术的研究和产品开发，将二者融为一体的理念普遍存在，但受资源影响没有形成产品。

（2）三维地质建模技术研究和产品开发采用了三种技术路线：已有结构类 BIM 平台基础上的二次开发、GIS 平台基础上的开发以及完全的自主研发。其中基于结构类 BIM 平台基础上的二次开发集中在勘察设计类企业，这些企业试图在结构类 BIM 平台上开发地质建模模块。在 GIS 平台开发地质模块的典型代表是武汉的中地数码科技有限公司，已经具有 10 余年的发展历程，利用 MapGIS 的市场优势，致力于在城市地质领域的应用，但基本没有被岩土工程勘察类企业所接受。应该说，自主研发是实现岩土工程勘察信息化最佳途径，但三维地质建模严苛的综合性技术要求和经验积累，使得自主研发工作步履艰难。

3. 发展方向

既往发展历程的经验和积累为岩土工程勘察领域的三维地质建模技术研究、产品开发和工程应用奠定了坚实基础，同时也为研发工作指明了以下方向：

（1）岩土工程勘察信息化必须走自主研发的发展路线，不论是勘察质量监管还是勘察三维信息化，都没有可直接应用的产品，甚至还缺乏能满足行业需求的关键性技术。

（2）岩土工程勘察三维地质建模技术研究必须建立在既往积累基础上，在现今阶段，不可能也没有必要像 GoCAD 开发一样投入巨额资源，在学习吸收的基础上进行改造，是切实可行的道路。

国内三维地质建模技术自主研发的起源与国际同步，但真正意义上掌握核心技术和投入工程应用要晚一些。不过，这种后发优势使其能够更好地依托现代科学技术，例如充分利用互联网、云、移动电子设备等新技术手段，以达到便捷采集数据、实现数据共享和团队协同的目的，具备更好地挖掘这些数据的条件和工程价值。

1.2　三维地质建模发展史

1.2.1　国外三维地质建模发展史

20 世纪 80 年代，在设备制造、建筑结构行业开始采用三维可视化设计以后（代表性产品如 Catia 和 MicroStation），石油行业率先寻求一种针对地质体的三维计算机化工作模式，要求不仅像结构三维一样模拟地质体三维空间几何形态，更重要的，还能储存和处理地质体包含的各种信息，包括地质体固有的地质属性（如时代和新老关系），以及石油行业关心的特定属性（如油藏地震波传播速度、开采过程运动特征）等。针对这一现实需求的研究表明，当时世界上既有理论和技术积累尚不能满足三维地质产品研发的需求，需要开发出新的三维建模数学理论和相应的计算机技术，即需要有创新性的底层理论和方法，其内在原因是地质体和地质工作的特殊性，主要体现在：

（1）地质界面形态的不规则性，其中的尖灭、断层错动等很难用传统数学理论和当时已有的技术进行快速有效模拟，这些既有理论包括 20 世纪 50 年代针对矿山资源评估提出、相对最接近地质体特点的克里金插值技术（国内研发机构普遍采用）。

（2）地质工作过程在认识上的不确定性，与事先构想形成的确定性建筑结构形态不同，地质工作事先并不知道地质体形态，而是通过少数部位的信息结合地质分析推测判断，要求地质建模技术能够满足现实中这种工作模式的需要，表现为少数已知部位 100%

精度而其他绝大部分区域的推测和推测结果的随时修正。

（3）地质体固有的特性，包括地质特性和工程属性，前者如沉积地层面之间绝对不会相互穿插、不同性质断层固有的错动方式等，是保证建模过程"数学成果地质合理性"的关键；后者则具有广泛的行业性和专业性，如岩土工程行业关心的岩体质量、土层划分、力学性质和参数值等。

这三个特征总体上与行业无关，只是不同行业关心的地质体类型存在差异。现实中人们希望认识地质体的工程实践活动形式很多，因需求差异、关心点不同而催生不同行业，如石油、采矿、工民建涉及的岩土工程等。这些工程活动的共同点是工作对象均为天然地质体，差别在于采用了不同的技术手段和工作方式了解和利用地质体的某些属性。因此，在 20 世纪 80 年代三维地质技术开发规划过程中，明确要求不仅需要描述地质体空间形态和正确表达地质特性，而且还需要根据行业需求，兼容行业信息、技术方法、行业标准等，实现三维地质基础上的工程分析和设计。

以行业需求为目标的研发工作持续了约 15 年，针对石油行业需求于 1999 年发行了首款三维地质建模与分析软件 GoCAD，与当时所有其他相似产品相比，GoCAD 在以下环节取得了突破性进展：

（1）基于离散数学的地质建模理论和核心技术。通过各种精确或模糊约束组合，满足任意复杂地质体快速建模，允许通过人机交互等方式随时修正，确保模型的地质合理性，其中的离散光滑插值（discrete smooth interpolation，DSI）技术成为目前国际公认最先进、能够真正实现任意复杂地质体块体建模的核心技术，因此 GoCAD 在全球范围内占据 70% 以上的市场份额。

（2）图形和数据一体化的构架和数据处理技术。图形和数据一体化保证了地质模型对属性的兼容能力，构建出含属性三维地质模型。与地质体形态相同，大量的地质体属性信息也表现出空间分布不规则性等特点，需要专门的数据处理技术。

GoCAD 在满足创建含属性三维地质模型的同时，一些功能如数据导入、建模方式（如属性建模）、分析内容等特别针对了石油行业的特点和要求。正是这一原因，21 世纪初，GoCAD 被引入矿山行业时，许多研究和应用机构在 GoCAD 基础上进行了二次开发，以适应矿山行业的需要。加华地学（武汉）数字技术有限公司海外华人专家于 2002 年首次将GoCAD 介绍给国内水利水电行业，随后的数年内持续为国内用户提供应用培训和二次开发服务，一方面认识到了 GoCAD 强大的建模和数据处理能力，另一方面也深刻体会到面向岩土体工程领域时的适应性问题。特别地，受到产品设计定位的影响，二次开发只能是修补。

不过，取得上述认识和成果经历了一个漫长甚至是痛苦的过程。由于 DSI 技术门槛过高，很多机构仍然采用克里金插值方法创建空间曲面（克里金插值方法起源于 20 世纪50 年代，由南非采矿工程师克里金针对矿山资源储量计算提出），比如定位于矿山生产规划设计的 Supac、土木建筑结构的 MicroStation 等都不同程度地涉及地质体，都采用了克里金插值技术创建地质曲面，但这些都不是专门的三维地质建模和分析软件。

国际上还出现了基于其他技术手段的地质类三维平台，如 LeapFrog、MVS 等，所有这些产品市场占有之和不足 GoCAD 的 1/3，且往往专注于某个方面，如物探解译与建模、环境分析与建模等对几何位置精度要求不高的情形。

1.2.2　国内三维地质建模发展史

国内对三维地质的探索工作也起源于 20 世纪 80 年代，当初以中国电力工程顾问集团中南电力设计院有限公司、成都理工大学为代表的一些机构都采用了数学函数拟合的方式模拟地质界面，这种技术路线在 21 世纪仍然被少数单位采用。不过，2008 年以来，国内三维地质研发工作采用的主流底层技术为克里金插值，包括中国电建集团华东勘测设计研究院有限公司（以下简称华东院）、中国电建集团昆明勘测设计研究院有限公司、中国电建集团北京勘测设计研究院有限公司等单位使用的三维地质系统，虽然外在形式不同，其内核都是克里金插值或改进的克里金插值。

国内水利、水电、建筑等行业往往以结构设计专业起到龙头作用，这些专业采用了成熟的计算机辅助设计三维平台（如 AutoDesk 产品），一些单位如北京院因此尝试在三维结构平台上开发适合地质专业的模块。前文所述的结构三维软件的核心技术基于连续数学，而地质体具有典型的非连续、不确定性特征，这种尝试无疑会存在内在不兼容性，从技术上分析，除非出现非常大的突破，否则将注定缺乏足够的实用价值。

与以上尝试不同，西北院、中国电建集团成都勘测设计研究院有限公司（以下简称成都院）和中国电建集团贵阳勘测设计研究有限公司则选择了基于 DSI 的建模技术，但该技术门槛高，成都院在 2010 年选择了采购 GoCAD 进行二次开发的技术方案，这是因为，虽然基于 DSI 技术的 GoCAD 地质建模能力十分突出，但该产品是针对石油行业的需求开发，通过二次开发即可解决其中水电行业适应性问题。其中，早期阶段的二次开发工作由加华地学（武汉）数字技术有限公司负责完成，后期由成都院负责扩充和维护。在当时条件下，这一技术方案同时兼顾了技术先进性和实践可行性的要求。二次开发过程为自主开发提供了一定的技术帮助，基于 DSI 技术的自主开发而成为三维地质建模发展的希望。

自 21 世纪初开始，包括北京大学、中国地质大学在内的一些学术机构开始探讨 DSI 理论及三维地质建模，但这些工作主要体现在学术交流和学术研究方面，没有形成产品化的技术。

在总结华东院、成都院相关工作基础上，西北院极力探索和追求基于 DSI 技术的自主开发，并先后委托加华地学（武汉）数字技术有限公司承担底层技术尤其是 DSI 技术的研究和开发，为水电行业三维地质建模和分析提供终极解决方案，具体要求如下：

（1）能够快速实现任意复杂地质体的三维建模和模型修改与更新。

（2）实现在三维地质模型基础上的工程地质分析，创建含属性三维地质模型。分析方法和技术标准能同时兼容国内水电和海外工程实践的需要。

（3）具备在含属性三维地质模型基础上开发岩土力学分析和岩土工程设计的能力。

1.3　代表性三维地质建模软件介绍

在国内，基于行业的目前现实需求，三维地质建模软件从开发方式上分为两种：一是基于商业设计软件平台二次开发；二是直接从底层开发。从使用者需求维度，诸如设计定位、基础平台类型与核心技术等宏观架构环节，决定了三维地质软件的专业针对性、适应性及其产品生命力，因此这些因素通常是用来衡量三维地质软件技术优势性的重点考察指标。表 1-1 汇总给出了 CnGIM＿de＿ma、GoCAD 和理正这 3 款国内外代表性三维地质建模软件在架构环节所采用的主要技术指标。

表 1-1 代表性三维地质建模软件主要技术指标对比

技术指标	建 模 软 件		
	CnGIM_de_ma	GoCAD	理正
架构类型	平台	平台	工具
设计定位	分析、设计	建模、分析	分析、设计
基础平台	三维地质	三维地质	勘察数据库
核心技术	DSI 技术		函数拟合
运行平台	自有	自有	自有
适用人员	勘察设计	勘察设计	勘察设计

按建模软件架构类型可将三维地质建模软件区分为平台与工具两种类型，可以看出，建模软件架构本身与设计定位密切相关。从严格意义上来说，CnGIM_de_ma 是目前市面上唯一一款按"大岩土"目标定位所涉及研发的勘察、地质建模与设计分析一体化平台，而其他建模软件或多或少存在系统整合性不强或核心技术针对性不足等缺陷，具体体现在以下方面：

(1) CnGIM_de_ma 系统在设计之初即定位于勘察、地质建模与设计分析一体化应用，在核心技术、对国内外规范标准的支持和专业应用等多个关键环节所采用的三维地质技术均代表了国际前沿水平，包括 DSI、"图形＋数据"二元数据结构、行业流程化批量建模、地质属性建模和多项专业特色应用功能；此外，CnGIM_de_ma 具有开放、易于实现的二次开发环境，便于后期与业务升级对接和产品维护。

(2) GoCAD 的技术优势在于地质建模与分析，但前端数据采集管理、建模成果服务工程应用等相关功能远远落后于同类建模软件（需定制开发，二次开发难度大），甚至缺乏可比性，意味着专业协同作用能力相对较差；同时，在 GoCAD 产品研发过程中，解决方案制定所参照的技术需求多来源于石油、矿山行业，当将其引入至国内工程行业时，很可能存在水土不服的问题。

(3) 理正建模软件研发行业背景是市政建筑工程，其技术优势在于工程数据管理和分析设计，但基于函数拟合算法的核心建模技术往往不满足复杂情形下的地质建模构建与地质属性数据分析的需要，由此限制了该款产品在三维地质中的推广应用。另外，理正建模软件构成的典型特点是其由一系列解决特定专业问题的工具软件组成，系统整合性相对较差，在协同作业环节，数据接口功能可能需要进一步升级优化。

表 1-2 比较分析了各建模软件在专业应用典型功能环节的差异。总体上看，较之其他专业性建模软件，三维地质建模、分析与设计系统 CnGIM_de_ma 具有一系列的技术创新和突破，主要创新点如下：

(1) 首次实现勘察、分析、设计一体化工作体系，以数据库为基础，创建含属性三维地质模型为中转平台，依据行业应用开发具体功能，代表了岩土体工程领域的发展方向，体现了行业针对性。

(2) 数据库图形与数据一体化技术，将勘察数据采集工作外延成电子化采集，同时实现了三维模型和数据库的双向通信。

（3）数据库记录三维空间属性，几乎所有字段记录值都可以溯源到三维空间，并以此开发了结构面溯源分析、勘探解译、相关统计与分析等创新性功能。

（4）图形系统的图形与数据一体化技术及其和特定方法的结合，首次实现了批量建模、岩体分级与参数取值、洞室围岩稳定分析与支护评价等一系列功能。

表 1 - 2　　　　　　　　　　　建模软件专业应用典型功能对比

评　价　指　标		建模软件评估		
		CnGIM _ de _ ma	GoCAD	理正
性能评估	对国家相关规范支持	较好	差	较好
	勘察设计专业协同	较好	较好	一般
	直观和易用性	好	一般	好
	信息复用难易程度	好	差	一般
	建模自动化程度	好	好	一般
	定制能力	好	差	好
数据采集、管理与分析	多样化勘探数据管理	好	无专业地质数据库	好
	电子化数据采集（钻孔＋平洞）	支持		支持
	查询统计、数据检验（如剖面检查）	好		好
	角色定义、权限管理	支持		支持
	理正数据库接口	支持		—
	云平台数据管理	支持		支持
建模技术	命令建模	支持		
	自动建模技术	好	好	一般
	属性（物探、土工试验数据）建模	支持	支持	不支持
成果展示应用	二维成图	好	一般	好
	钻孔柱状图	好	一般	好
	节理玫瑰图、等密图	支持	不支持	支持
	裂隙统计分析	支持	不支持	
分析设计	勘探布置设计	支持	不支持	—
	勘探解译	支持	不支持	
	围岩分级	支持	不支持	
	岩体力学参数取值	支持	不支持	
	洞室稳定、支护设计	支持	不支持	支持
	三维场平设计	支持	不支持	
	边坡极限平衡分析	支持	不支持	支持
	三维数值模型外部接口	支持	不支持	

续表

评 价 指 标		建模软件评估		
		CnGIM _ de _ ma	GoCAD	理正
模型共享、兼容能力	IFC（建筑 BIM 标准格式）	好	不支持	一般
	Catia		一般	一般
	MicroStation		差	一般
	3DS		差	一般
	AutoCAD		一般	好

第 2 章

三维地质建模分析软件

2.1　CnGIM 软件核心技术

2.1.1　算法及其影响

地质体建模的核心内容是描述已有地质对象的几何形态和工程特性（数据值），被描述的对象已经客观存在。这与很多计算机辅助三维设计软件（如 AutoDesk 产品、Catia、MicroStation）完全不同，这些软件服务于勾画出一个现实不存在的对象，重点是几何形态，基本不涉及工程特性。正是由于自然地质体和地质工作固有的特点，地质体建模需要基于离散数学理论，CnGIM 软件选择了 DSI 理论进行建模和数据处理（结构三维设计平台则全部采用了连续数学理论和函数拟合方法）。三维地质建模的目的是描绘出一个已经存在的自然对象，且可供建模的资料往往很少，采用 DSI 理论和约束技术模拟其形态特征的中心任务是利用这些少数已知数据、合理地"推测"出其余部分的形态，其中的其余部分具有不确定性，是地质体不确定性的典型代表。

1. 离散光滑插值算法

离散光滑插值算法理论是基于离散数学的一种插值理论，最早出现在 20 世纪 20 年代。20 世纪 90 年代，法国科学家 Mallet 提出一个迭代算法并进一步总结形成了一套专门针对地质体建模及分析的理论，并在 GoCAD 软件中植入该方法，广泛应用在采矿、石油等领域进行三维地质建模与分析。与传统的建模算法相比，DSI 理论的优势在于它可以根据各种约束条件及其组合拟合构建复杂地质体模型，如多 Z 值（褶皱、透镜体）、非连续性（断层、覆盖层）模型，并且能进行局部修改而不必由于地质勘探资料的变化而重新建模。

如果将地质界面视为离散化的不连续界面，地质点及地质勘探揭示的钻孔平洞数据等作为约束条件，DSI 理论实际上就是通过在这些约束条件下求解全局粗糙度函数的最优解来得到符合约束条件的最优化地质界面。

根据实际约束情况可以得到不同条件下的约束系数，进而通过迭代求解最优化解，最终拟合得到符合约束条件的几何模型。DSI 理论的约束可以分为软约束和硬约束，其中：软约束通常指条件放松的（约等于）通过全局最小平方和进行拟合的约束；硬约束则是必须完全通过等式或不等式拟合的约束。非线性约束可以通过泰勒公式转化为近似的线性约束进行拟合。由于 DSI 理论考虑了节点与邻域节点之间的关系，因此可以比较好地拟合非连续性几何模型（比如地质上的断层上下两盘），另外 DSI 理论可以根据实际情况的约束条件拟合非常复杂的模型，因此特别适合复杂地质条件的三维地质建模。

DSI 理论不仅是几何建模的核心，也是立方网的稀疏数据空间插值处理的关键，帮助将少数部位的测试数据推广到给定的三维空间（地质单元体）内。这里的数据是一个通用性术语，可以是物探指标、矿山资源化验结果、土体静探或试验值等，用户可以根据自己的需要进行具体参数指标值的空间处理和运算（通过脚本实现）。物探解释、数据属性建模是立方网技术的典型用途之一，允许在没有几何信息条件下根据地质体特性构建出其空间形态特征，突破了传统 CAD 单纯依赖几何坐标建模的工作模式。此外，在完成几何建模以后，地质界面组合往往勾画了地质单元的几何形态，地质单元体固有的特征和变化性则利用"充填"在该单元体内部的网格所携带的数据值表达，实现"形"（几何形态）、"魂"（工程特性）兼具的目标，这种形魂兼具的模型被定义为"含属性三维地质模型"。特别地，形和魂是地质体固有的两种内在属性，但两者并非相互独立。因此，基于 DSI 理论的三维地质建模与分析系统实现了对地质体形、魂的一体化和交互。

2. 克里金算法

从理论上讲，克里金插值解是 DSI 理论的特例解，在对 DSI 理论进行各种约束和限制以后，即得到克里金插值解。从应用的角度，克里金算法和 DSI 理论的差异体现在能力和便捷性方面，概括如下：

（1）克里金算法适合于相对简单、产状平缓的非封闭地质面，对于封闭的多 Z 值等复杂情形的处理非常困难甚至无能为力；而 DSI 理论则适合于任意复杂地质体，不存在技术瓶颈。

（2）这两种方法的能力还体现在后续模型分析应用方面，当需要在三维地质模型基础上开展岩土工程分析和数据处理时，对地质面模型网格质量要求更高，复杂条件下克里金算法创建的模型难以满足要求。

（3）克里金算法采用固定网格，即一次性建模难以编辑修改，从而难以实现地质推测。而 DSI 理论建模为不断逼近和完善的过程，目的就是能体现地质判断和推测，在复杂问题建模方面的便捷程度差异悬殊，甚至不可同日而语。

具体地，与克里金算法相比，DSI 理论具有如下优势：

（1）可以使用几乎任意的数据格式直接建模，无须构建辅助剖面，而是通过约束保证模型精度及其地质合理性。

（2）可以非常容易地构建复杂模型，比如多值的透镜体和溶洞等模型，以及覆盖层模型，克里金算法难以处理多值模型。

（3）DSI 理论的建模是一个不断完善和修正的过程，与地质体的勘探和认识过程完全一致，而一次性"死"网格的建模方式无法满足这一要求。

（4）可以构建非连续模型，比如断层模型，DSI 理论可以很方便完成这类建模，克里金算法则很难处理这类问题。

（5）DSI 理论的约束条件可以多种多样，并且可以在同一位置出现多个相同类型的约束，DSI 理论还可以根据相同类型约束的不同权重因子来综合拟合该点的位置，比如在物探建模中，可以根据不同的物探方法解译得到的数据以及该物探方法的可信度权重因子来进行综合建模。

3. 三角化算法

三角化算法，即大家熟知的"三棱柱"建模技术，是 BIM 软件创建实体模型的一种解决方案，它把空间用直立的三棱柱填满，然后根据已知数据拟合成面与三棱柱相交，实现分段，相同特性者相连成为封闭的空间区域（体），在地质体中相当于平缓沉降地层中的分层。该技术创建的地质模型具有如下特点：

（1）平面上每三个钻孔形成一个三角形，即先进行了三角化，然后向下投影，因此，钻孔边界基本为模型边界，无法外推适当扩大建模范围。

（2）模型为包络体（封皮），其外表采用三角形网格"贴片"形成，模型成果的网格尺寸严格受钻孔布置控制，即相邻三个钻孔之间仅"贴"一个三角形面片而不是多个，钻孔之间地层被强制处理为理想平面，不考虑起伏，因此，当仅一个钻孔揭露地层形成透镜体时，建模时必须和相邻另外至少两个钻孔相连，形成一个三角形，导致模型通过的钻孔数量可以远超勘察资料中的实际情形（不过，该图形引擎具有局部内插三角形模拟尖灭的能力）。

由于这一技术依赖平面三角形网格进行垂直投影，因此仅有可能适合于平缓地层，陡立地层建模缺乏适应性（即便勉强使用，也会因三棱柱过多导致性能大幅降低，影响实用价值）。即便应用于平缓地层（如第四系土层）时，仍然存在一些重大乃至致命性缺陷，具体如下：

（1）钻孔异型布置（存在凹边）时平面三角化过程的缺陷及其对模型可靠性的影响。

（2）地形和地质对象平面起伏变化时，控制地层出现交叉穿插导致三棱柱增大对性能的影响。

（3）对分层结果三维空间关系正确的依赖，导致无法检查和校正分层结果三维空间关系的正确性。

2.1.2 网络化和作用

1. 网格及其作用

网格指三角网，是图形表征空间曲面和地质单元体轮廓的基本单元，用三个角点控制。在剖面上，网格蜕化成线段，由两个节点控制。剖面形态的变化通过移动节点实现，对空间曲面而言，则是通过移动三角形网格角点（移动所遵循的条件是趋势合理）实现。

2. BIM 模型网格的作用与要求

虽然 BIM 和 GIS 也采用网格渲染对象轮廓形态，但两者都不具备"随动"编辑能力，属于"死"网格，仅在计算机屏幕显示（即渲染），难以对模型进行局部修改，修改往往意味着重建；难以根据已知点空间疏密程度变化采用不同的网格精度，减低大场景建模对计算机容量的依赖。

3. 地质模型网格作用与要求

地质模型采用网格渲染地质体几何形态，网格节点精确通过勘探数据获取的点位，从而精确表达模型；构成地质体的网格节点记录空间坐标位置的同时，还可以承载、表达地质属性，从而实现含属性三维地质模型的创建。地质交切关系、尖灭的表达、地质接触关系的表达，也需要借助网格之间的"裁剪"操作实现。

4. 动态加密技术的必要性

动态加密技术可以在建模过程中的任意时刻对空间曲面网格进行加密，可以对其中一个网格拆分，也可以对指定区域加密。在岩土工程三维地质建模中，前者用于解决一些现实问题，如重复钻孔等形成的过密钻孔信息的利用、网格密度不同导致的上下层交叉等；后者则可以对不同区域采用不同的网格尺度，能体现地质判断和推测，缓解/解决大场景建模时模型精度与效率、资源之间的矛盾。

2.1.3 约束

1. 约束与现实意义

约束对应于勘察获得的地质对象已知信息，如点的位置、产状、测试数据，建模时需要尽可能100%与已知结果一致。约束主要服务建模和数据插值过程的精度控制。

2. 约束类型

地质建模需要使用多达10余种约束方法，每种约束都建立在对应的理论基础上和服务某些特定需要。概括地说，约束可以分为精确约束、模糊约束两大类。

3. 约束在建模中的作用

约束与光滑拟合算法只能在离散型数据结构下发挥作用，在地质建模过程中的意义如下：

（1）实现对任意复杂地质体的"正向建模"，所谓正向建模只仅依赖已知数据（勘察资料），不依赖中间成果（辅助剖面），更不是已知结果后的复制（倒模）。

（2）保证勘探点部位100%的建模精度（精确约束实现），勘探点之间趋势合理（光滑拟合实现）。

（3）能随时根据更新的资料对模型进行修正，这对于利用施工资料修正前期阶段创建的模型、满足勘察专业工程全生命周期信息化的要求具有极其重要的意义。

2.1.4 裁剪与封闭

1. 裁剪的实现途径

地层中的尖灭、断层切割地层等现象，在三维计算机技术模拟时均涉及面—面交切裁剪，地质面裁剪本质是网格之间的切割运算，地质面交切裁剪实现示意如图2-1所示，通过裁剪算法，将交切的网格沿交线上内插节点，对交切位置两侧附近的地质面网格重新三角化，从而将穿插的地质面部分裁剪分离，实现地层尖灭以及地质单元划分。裁剪算法的优劣体现在两个方面：①任意复杂交切情形的裁剪能否通过；②"面—面"裁剪完成后，交切位置地质面网格能否完全共节点，为"点—点"交切封闭奠定重要基础。

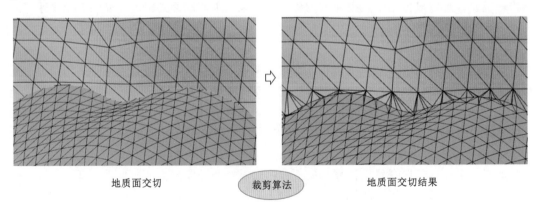

地质面交切　　　　　裁剪算法　　　　　地质面交切结果

图 2-1　地质面交切裁剪实现示意图

2. "点—点"封闭裁剪的作用

基于制造和建筑业三维技术的研究认为，形成完全封闭的空间曲面具有重要的实际应用价值。不同于结构三维平台采用确定性函数来模拟对象轮廓形态，可以通过精确计算获得"面—面"相交时的交点位置，达到完全封闭的交切效果。

地质界面采用插值方法模拟，面与面切割实际通过离散网格之间的相交运算获得，除了非常简单或人工简化处理的情形，很难实现完全封闭，成为三维地质模型应用过程中的世界难题之一。

从地质模型应用角度，实现"点—点"裁剪封闭，将极大地拓展三维地质模型应用领域，具体如下：

（1）实现任意复杂地质交切关系的封闭地质模型提交。

（2）基于封闭地质模型，可以非常便捷地实现实体模型提交展示、三维剖切实体填充显示、土石方量计算，满足岩土工程设计、分析及施工阶段模型要求。

（3）进一步结合网格优化算法，突破了三维地质模型向数值计算模型转换的技术瓶颈，极大地拓展了三维地质模型应用领域，真正意义上满足勘察、设计、分析、施工、运营全生命周期对封闭地质模型的需求。

2.2 CnGIM 系统构架

CnGIM 面向岩土体工程领域地质建模、地质与岩土体工程分析、岩土体工程设计的需要开发，是针对岩土地质体的 BIM 平台，以其独有的系统框架设计和支撑性技术区别于世界上已经面市的其他相似类型产品。

系统构架设计的基础是岩土体工程领域勘察设计实际工作流程，通过战略和战术两个层面的构架实现，从战略性层面讲，系统构架着眼于以下层次的需求：

（1）行业发展需求。这是三维工作方式和海外市场拓展需要，前者的典型特点是技术难度大，对数学、计算机核心技术能力以及地质和岩土工程专业能力提出了高标准的要求；后者更多体现在技术标准和流程的兼容性方面，以国内工作流程为基础、适应海外工程实践的需要。

（2）三维协同设计。其包括单一主体设计单位内部勘察和设计之间的协同和不同主体设计单位之间的协同，前者已经成为业界的三维协同设计过程中面临的技术瓶颈，而后者还没有充分揭露。水电开发投资单位等机构不仅需要和水电开发涉及的所有专业进行必要的交流，而且，由于不同主体设计单位采用的三维平台的差异性，协同工作更加困难。工程地质信息系统的研发，显然不能加剧这种局面，而是需要为未来解决问题创造条件。

在国内水电行业率先开展三维协同设计（与现阶段建筑结构等行业推行的 BIM 工作模式属于同一概念）过程中，上述一些问题已经存在并被广泛认知，其中勘察和设计之间的协同问题在现实工作中早就存在，只是随着三维设计的推进而再次引起关注。从这个角度讲，战略性层面的需求需要通过一系列的战术性措施解决，这些措施首先体现在系统构架的设计，其核心又包括两个方面：一是对外不受指定平台功能限制的数据通信接口；二是系统内部针对岩土体的"勘察、分析、设计一体化"流程，摒弃采用结构设计平台开展岩土体工程设计工作模式，从而避免两者之间因底层技术不兼容性导致的困难。

CnGIM 的平台构架如图 2-2 所示，平台集成了前端数据采集、数据库、含属性三维地质模型创建、模型分析应用与成果发布几个环节，并具备与其他专业设计平台、GIS 平台接口。

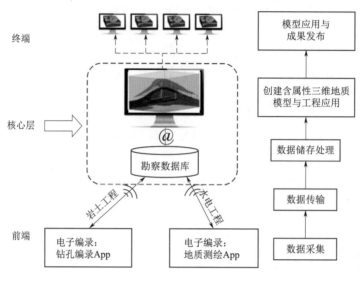

图 2-2　CnGIM 的平台构架

2.3　CnGIM 功能简介

CnGIM 包含三大功能模块，即数据库与数据交互、建模与数据处理、应用与成果输出，如图 2-3 所示。其中，数据库与数据交互模块对应勘察资料的采集、保存和内业整理；建模与数据处理模块是起中转作用的三维建模工作平台，其将勘察资料转化成包括地质边界和岩土力学特性的"含属性三维地质模型"；应用与成果输出模块对应于特定问题的分析评价和工程设计，以及不同专业之间协作所需要的数据交互。

数据库与数据交互的基本功能是为构建含属性三维地质模型提供基础资料，由于不同行业需求和资料采集方式的差异，数据库具有行业特性。与之相似地，应用与成果输出方

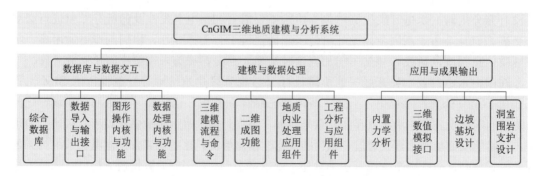

图 2-3　CnGIM 三维地质建模与分析系统功能组成设计

式与行业需求、技术标准和规范密切相关。CnGIM 对数据库和二维图输出采用了可配置的开发方式，即可以根据用户需要配置内容和格式等。当应用到工业与民用建筑、国土资源、矿山、水利水电、电力等不同行业时，除少数特定功能需要定制和补充外，已有功能可以满足绝大部分条件下的需求，能够体现行业特点。

CnGIM 的建模与数据处理功能具有通用性，虽然不同行业的地质体特点和已知资料存在较大差异，但是，CnGIM 的建模与数据处理功能在设计时进行了"一般化"处理，从建模需要的角度把地质体分成若干类型分别设计建模流程，在流程内可以灵活地引入不同勘察数据乃至人工推测，兼容不同行业特点和需求，实现其通用性。

虽然 CnGIM 数据库可以独立运行，但本质上是系统的一个有机部分，不仅为建模和分析提供资料，更重要地，数据库实现了对地质体属性的定义，同时还体现了行业标准和规定。因此，脱离数据库的模型可能失去一些地质属性和行业标准的约束，直接影响到应用过程的效率和效果。为此，建议务必按照系统设计的流程要求开展工作，保持模型和数据库之间的联系。

2.4　CnGIM 地质建模正向设计基本流程

CnGIM 地质建模正向设计基本流程包括以下阶段（图 2-4）：

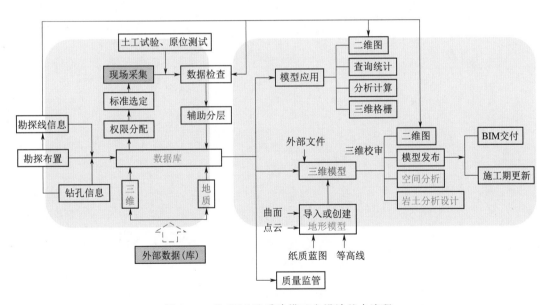

图 2-4　CnGIM 地质建模正向设计基本流程

（1）建立数据库。外业采集的最原始的现场勘察数据，需要专门的地质数据库进行录入、传输、存储，地质数据库是后续建模和模型应用工作的重要基础，因而地质数据库也具备与三维图形系统的接口能力。

（2）创建含属性三维地质模型。通过数据库存储数据，以及点云、等高线等数据创建三维地质模型，创建的模型不仅需要包含地质体空间几何形态特征，还需要包含岩土工程

19

分析和设计需要的基本信息（力学参数值）。前者可以服务二维成图，而且还包含了工程分析设计的地质边界。

（3）模型应用。包括二维成图、岩土体专题问题分析、岩土工程设计三大方面。CnGIM 包含相关专题问题的经验分析和解析法分析，但不包括数值分析。岩土工程设计包含边坡和洞室模块。

第 3 章

建 模 数 据 库

3.1 数据库应用流程

地质数据库依照工程三维地质可视化建设的需要设计和开发，因此不仅具备传统数据库的工程数据采集、存储与管理、勘探数据分析、查询统计、成果图件输出等功能，还可以作为三维地质建模和分析的重要基础，服务于后续的含属性三维地质模型创建、岩土工程分析、设计环节。数据库兼容岩土勘察涉及的地质、物探、试验、测试等多个专业的数据储存、管理、处理和成果输出等多个方面的能力，作为系统的基础，同时直接服务三维建模和二维图生成、岩土工程分析设计等方面的功能。数据库应用流程及操作图标/命令如图 3-1 所示。

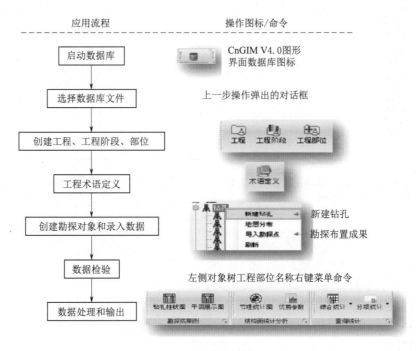

图 3-1 数据库应用流程及操作图标/命令

3.2 创建数据库

创建数据库需要定义工程的基本信息，如工程名称、阶段、部位，具体操作步骤如下：

（1）单击  启动数据库（图 3-2），创建一个新的数据库，选择【创建并打开离线文件】，点击【浏览】，命名数据库文件并将文件保存到指定位置（图 3-3），点击【确定】进入数据库界面。如需要调用已有数据库，选择【打开现有离线文件】，点击【浏览】，找到现有数据库的保存位置并打开（图 3-4）。

图 3-2　数据库标志

图 3-3　创建并保存数据库文件

图 3-4　打开数据库界面

（2）进入数据库界面，按次序单击【工程】→【工程阶段】→【工程部位】，定义工程，将工程信息完善（图 3-5～图 3-8）。

图 3-5　工程信息标志

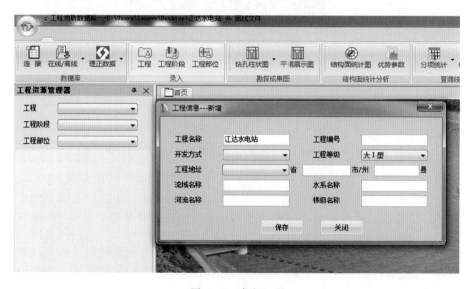

图 3-6　定义工程

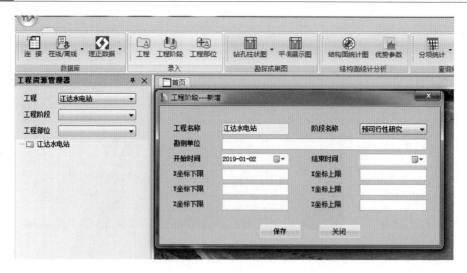

图 3-7　定义工程阶段

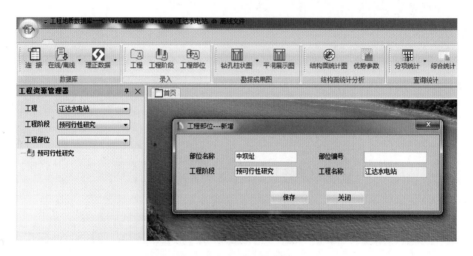

图 3-8　定义工程部位

3.3　定义数据库

定义数据库以术语定义的形式进行，术语定义也称为定义工程字典值，是数据库非常关键的一步，没有进行术语定义则无法完成相关记录，即便可以完成其他字段记录，整个数据库内的信息也将失去最重要的关联关系，资料入库的价值得不到体现。

地质术语定义中的地层和岩性是最基本的要求，一旦定义以后，可以影响到数据录入、查询统计、建模、成果输出全过程的很多环节，因此十分重要。具体操作步骤如下：

（1）点击 术语定义 ，然后选择需要设置的工程，点击【下一步】进入术语定义界面。首先选择岩性，【新建】逐个定义岩性；也可以通过【导入预设】从数据库中选择所需的岩性（图 3-9）。

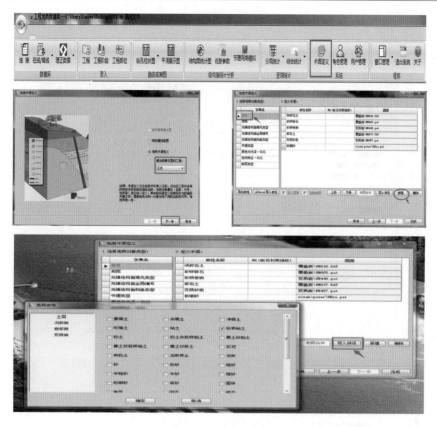

图 3-9　定义岩性

（2）定义地层，点击【新建】定义地层及其相关特征，也可以通过【导出地层】，将地层属性表格导出，在 Excel 里编辑好地层属性后点击【从 Excel 导入地层】录入地层（图 3-10）。注意地层定义的顺序用于定义新老关系，在建模和出图过程中会被调用。

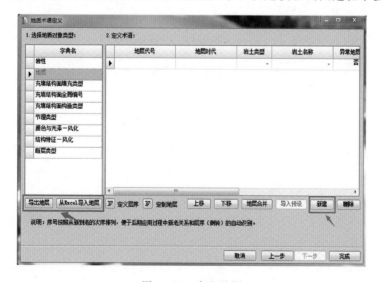

图 3-10　定义地层

（3）点击【定义层序】，通过拖动地层来定义地层的新老关系和嵌套关系，完成之后通过点击【定义层序】标志退出层序定义。然后按照同样方法定义其他地质对象，完成后点击【完成】退出术语定义（图 3-11）。

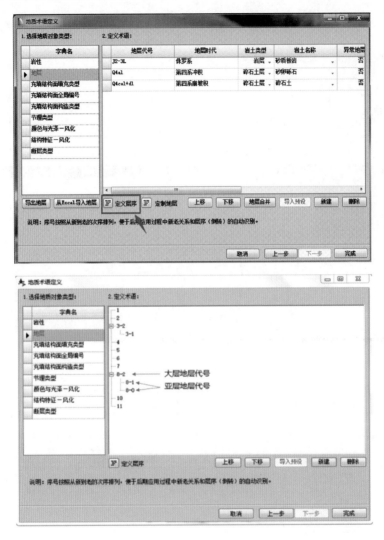

图 3-11　定义地层层序

3.4　数据库检查

CnGIM 中数据库提供了坐标检查、产状检查、层序检查和勘探解译 4 种数据检查功能。前三者均位于数据库工程部位对象右键菜单，如图 3-12 所示。前两者主要针对误操作；层序检查服务后续的土层建模，最大限度控制建模依赖的原始资料出现错误；勘探解译主要针对不确定性的充填结构面，帮助判断不同部位揭露的结构面露头是否属于同一对象，避免彼此之间关系出现错误，或者勘探揭露的露头没有得到充分利用，该功能针对充填结构面设计，是因为现实工作中最容易遇到，如果是其他类型对象（如地层面），可以先假设为充填结构面。在工程部位菜单处单击右键，对钻孔、平洞等数据进行合理性检查，如图 3-12 所示。

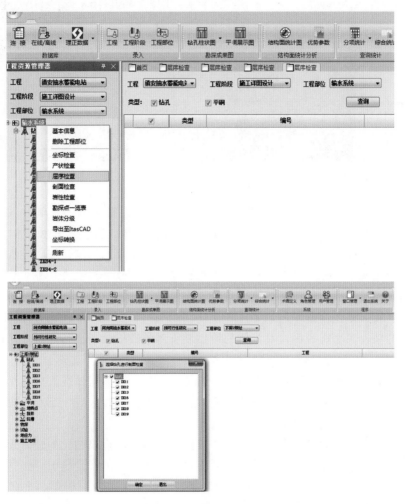

图 3-12　数据库检查

3.5　数据库录入

创建工程部位后，左侧导航树下会显示工程部位名称（图 3-13），名称下出现对象树，包含钻孔、平洞、地质点等表示勘察手段的对象。一般而言，很多工程并不使用所有的勘察手段，可根据具体情况逐个完善工程已有的勘查对象信息。

CnGIM 针对不同的情形和条件分别提供了多种数据输入方式和渠道，这些输入方式包括：

（1）键入。这是最基本的方式，即在数据库中键入相关信息。键入仅针对工作量相对很小的情形，比如术语定义。一些对象（如钻孔、平洞）的基本信息也可能需要手工键入，但钻孔的一些基本信息（如编号、孔口坐标、深度等），程序也提供了批量导入功能。

29

图 3-13　工程数据结构树右键菜单

（2）Excel 导入。这是最常用和推荐使用的方式，可以针对单一表单导入所有字段记录值。对于钻孔和平洞而言，还可以一次批量导入所选择的若干钻孔和平洞的所有记录值。实际编录中可以使用软件包内提供的 Excel 模板，完成记录和整理后导入到数据库。

（3）电子化编录。针对水电工程的平洞编录工作，CnGIM 开发了基于数据库的电子化编录软件，通过平板电脑在现场完成地层、充填结构面、节理等露头线的编录和性状描述，其结果直接保存在数据库内，无须转换。

以常见的钻孔和平洞为例，对具体的地质勘查对象数据录入进行详细介绍。

1. 钻孔录入

在数据库左侧工程部位结构树下右键单击【钻孔】→【新建钻孔】后逐个输入钻孔基本信息，也可以在工程部位的右键菜单中通过【勘探点一览表】导出 Excel 表格，记录和整理完所有钻孔的基本信息后集中导入数据库（图 3-14）。

钻孔基本信息完成后双击新增的钻孔，数据库面板会出现该钻孔的录入表单，依次将已有的勘查信息录入钻孔的相关表单中。由于通常钻孔录入工作量较大，可导出 Excel 模板，完成记录和整理数据后再导入到数据库（图 3-15）。

2. 平洞录入

（1）基本信息录入。右键单击平洞，【新建平洞】后输入平洞的基本信息，然后右键单击新建的平洞，通过【控制点管理】输入平洞拐点的桩号及坐标信息（图 3-16）。

（2）平洞编录。方法一，双击新建的平洞，逐条录入平洞的勘查信息；方法二，通过导出 Excel 表格，记录和整理好平洞数据后导入数据库中（图 3-17）；方法三，首先将平洞的野外编录图扫描或转化为图片（＊.JPG）格式，右键单击新建的平洞，选择【平洞编录】进入编录界面，点击【背景】标志 ▦ 加载背景图片，依次输入图片的起始位置的深度和结束位置的深度，然后加载图片，点击【确定】返回编录界面，选择【选择】标志 ▲ 开始描绘平洞中的节理断层等构造，描绘过程中可以在右键菜单中选择【后退】或【完成】，点击完成会自动弹出平洞编录表，按照平洞的勘查信息完善表格，完成后平洞的相关信息会同步更新到数据库中（图3-18）。

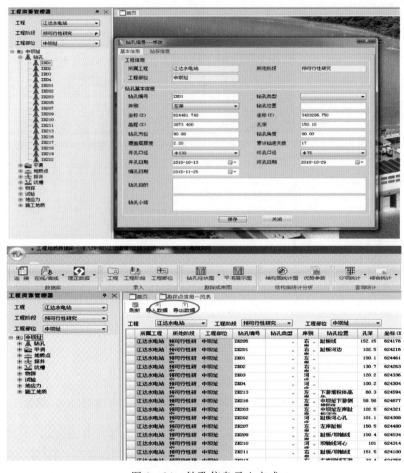

图3-14　钻孔信息录入方式

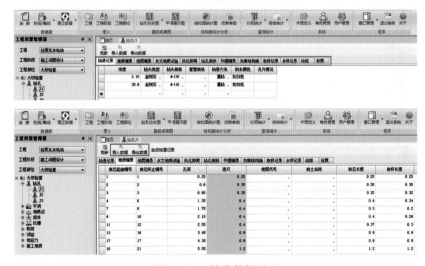

图3-15　钻孔数据录入

图 3-16　平洞基本信息录入

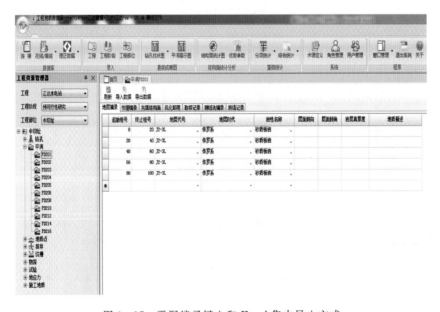

图 3-17　平洞编录键入和 Excel 集中导入方式

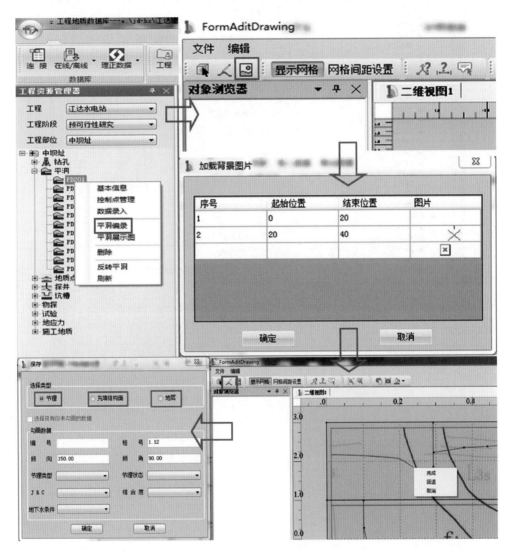

图 3-18　平洞电子化编录方式

3.6　数据导出与应用

在工程部位菜单处单击右键，点击【导出至 CnGIM】将数据库导出至 CnGIM 可视化窗口，作为后续地质建模资料使用，如图 3-19 所示。

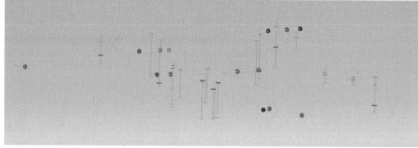

图 3-19　数据库导出与应用

第 4 章

在线数据库与钻孔 App 的应用

4.1 在线数据库

在线数据库可通过网络随时对数据库进行工程数据的采集、存储与管理、勘探数据分析、查询统计、成果图件输出等功能,大大提高工程地质内业整理的效率,也是三维地质建模和模型应用的基础。

为保证项目部在线数据库的安全使用及三维地质建模正常进行,拟设定项目负责人为在线项目管理员,通过超级管理员授权后,项目管理员可对本项目参与人员进行角色管理、用户管理。使用在线数据库时,需要设置一定的权限,程序通过添加和编辑角色等手段实现。

4.1.1 在线数据库登录

打开 CnGIM 系统的界面,点击连接数据库图标 ![icon] ,弹出连接数据库的对话框,如图 4-1 所示,选择【服务器】,点击【数据库配置】中的【手工配置】,依次输入下列信息:

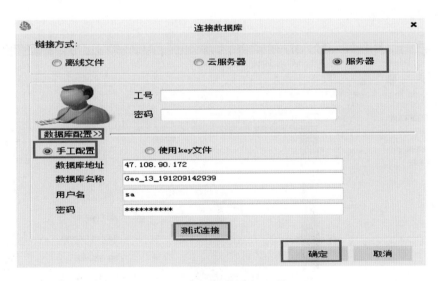

图 4-1 连接数据库对话框

(1) 工号。项目管理员的工号由超级管理员提前设置,项目参与人的工号由项目管理员提前设置。

(2) 密码。由项目管理员设置。

(3) 数据库地址、数据库名称、用户名、密码需统一设置。

测试连接后,点击【确定】,打开在线数据库界面,如图 4-2 所示。

图 4 - 2　在线数据库界面

4.1.2　项目管理员密码修改

项目管理员通过超级管理员授权后，可通过登录工号、密码进入本项目的在线数据库系统，初始密码默认为和工号一致，项目管理员初始密码可通过下列操作步骤进行修改。

点击【系统管理】→【用户管理】，选择"修改当前用户密码"，用户管理对话框如图 4 - 3 所示。点击【下一步】，可直接在对话框里修改密码，修改完成后点击【完成】即可，修改密码对话框如图 4 - 4 所示。

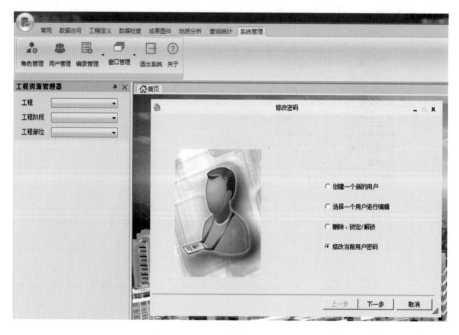

图 4 - 3　用户管理对话框

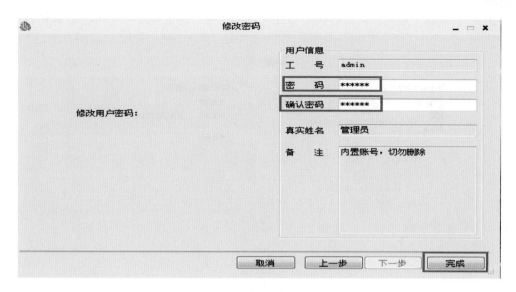

图 4-4　修改密码对话框

4.1.3　角色管理

项目管理员通过配置角色这个权限，可以控制其访问表单的行为。

点击角色管理图标后，弹出的对话框如图 4-5 所示，勾选"创建一个新的角色"，表示用户需要创建一个新的角色；对已有的角色进行修改时，勾选"选择一个角色进行编辑"。鉴于数据库涉及多个专业方向，建议管理员按照专业内容定义角色，如物探、地质、测试等，对不同专业用户辅以相应的权限。例如，当定义为物探的角色以后，可以将所有物探专业表单设置成为读写权限，而对地质专业表单设置为只读权限，即可实现以表单为依据的不同专业技术人员使用数据库的权限管理。

图 4-5　角色管理操作对话框——操作选择

39

图 4 - 6 表示了角色定义对话框，项目管理员也可以选定其中一个角色名称进行编辑修改。

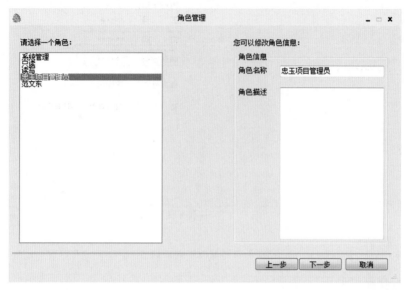

图 4 - 6　角色管理操作对话框——角色定义与修改

完成以后点击【下一步】，进入图 4 - 7 所示的对话框，对其中每个模块进行权限配置。其中左侧为可进行操作的对象列表，选定以后通过 ＞＞ 按钮选择到右侧列表中，进行读写权限的配置。其中只读用户权限访问服务器只可执行读取操作，读写用户权限允许数据库对服务器上的文件进行读写管理。

项目管理员角色设置完毕并点击【完成】后，拥有角色的用户才能进行数据上传，以此控制中心数据库资料的质量。

图 4 - 7　角色管理操作对话框——角色权限配置

4.1.4　用户管理

用户即为登录系统的某一操作员，他可以拥有多个"角色"。此外，用户还有一定的工程访问权限，项目管理员可以通过配置用户的工程信息控制其访问工程的行为。

点击用户管理图标后，弹出图 4-8 所示对话框。

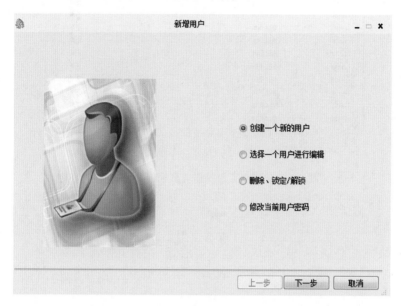

图 4-8　用户管理操作对话框——操作选择

当勾选"创建一个新的用户"以后点击【下一步】时，弹出对话框，项目管理员可以通过该对话框新增一个用户，需要键入的信息包括：

（1）工号。用户编号。

（2）密码。用户登录时需要的密码。

（3）确认密码。重新输入键入的密码。

（4）真实姓名。用户真实姓名。

（5）备注。添加其他备注信息。

当在图 4-8 中勾选"选择一个用户进行编辑"并点击【下一步】时，弹出图 4-9 所示对话框，该对话框中包含已建用户信息列表（工号和真实姓名）供用户选择其中的任意一个用户，点击【下一步】弹出下一对话框，用于编辑和修改该用户的权限，如图 4-10 所示。

图 4-9　用户管理操作对话框——添加新用户

点击【下一步】引导出图 4-11 所示对话框，该对话框中显示有角色定义列表，勾选其中所需要的角色，即将这些角色赋给所创建或选定的用户。

当用户需要修改密码时，需上报管理员，由管理员操作修改，如图 4-12 所示。

图 4-10 用户管理操作对话框——修改用户

图 4-11 用户管理操作对话框——角色配置

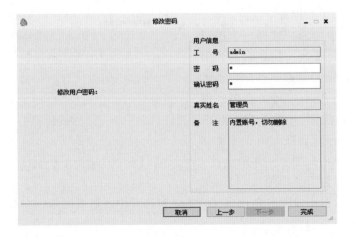

图 4-12 用户管理操作对话框——可操作工程配置

4.2　钻孔 App 的应用

4.2.1　钻孔在线编录准备

1. 登录在线数据库

打开 CnGIM 的界面，点击数据库，选择【服务器】，点击【数据库配置】会出现图 4-13 所示界面，然后按要求把这些信息依次输入，测试连接后，点击【确定】进入工程地质数据库界面。

图 4-13　通过服务器连接数据库

2. 创建数据库

打开数据库界面，点击【新增】→【工程】→【工程阶段】→【工程部位】，定义工程，将工程信息完善。点击【术语定义】图标，进行术语定义，定义岩性和地层后新增钻孔，其操作过程见 3.2 节和 3.3 节。

3. 编录管理设置

点击工具栏中的【系统管理】，出现【编录管理】菜单（图 4-14），【编录管理】中包括【编录人员】和【钻孔负责人分配】菜单。

点击【编录人员】→【新增】，可增加工人、技术员两种类型人员，对新增人员进行工号、密码设置，工人、技术员根据所设置的工号、密码登录钻孔手机 App，如图 4-15 所示。

点击【钻孔编录负责人管理】，选择要编录钻孔的项目，点击【分配负责人】（图 4-

16)，在分配负责人界面，第一步选择要分配负责人的钻孔，然后进行第二步选择编录负责人。这样，工人、技术员才能根据工号、密码登录手机钻孔 App 并找到负责编录的钻孔。

图 4-14　编录管理界面

图 4-15　编录人员管理界面

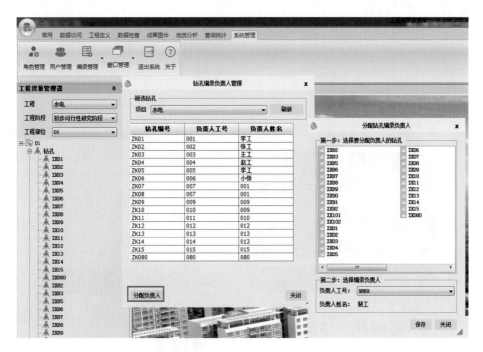

图 4-16　分配负责人界面

4.2.2　钻孔编录 App 应用操作步骤

工人或者技术员通过分配的工号和密码登录手机 App 进行钻孔编录，具体操作步骤如下。

1. 登录钻孔 App

登录钻孔 App 的界面如图 4-17 所示，技术人员拿到数据库管理员统一分配钻孔账号和密码后，在有网络的情况下先登录钻孔 App，点击【选择工程】，选择【我的项目】中待编钻孔所在的项目，选择项目工程，点击【本地缓存】，可以把待编录钻孔提前缓存到手机，以便在工地无网络的情况下完成钻孔编录。然后返回主界面，点击【选择钻孔】，在钻孔列表里选择要编辑的钻孔，如图 4-18 所示。

图 4-17　登录钻孔 App

2. 钻孔编录

选择好要编辑的钻孔后，在现场打开手机 App 进行开孔拍照（图 4-19）。钻孔进行编录时（图 4-20），可根据现场实际情况进行钻进记录、现场编录、采样和标贯记录，并进行终孔拍照。其中开孔、编录、终孔的操作可由现场工人进行编录，技术人员进行复核、修改。

岩芯编录时，点击主界面里的【编录】，然后点击【岩芯编录】（图 4-21）。

图 4-18　选择工程与钻孔

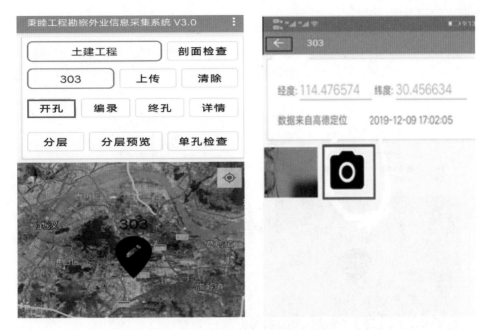

图 4-19　开孔拍照界面

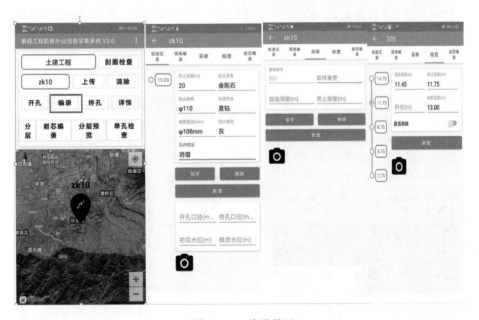

图 4-20　编录界面

分层编录时，点击主界面中的【分层】菜单，然后进行分层编录，其中【地层代号】【岩性名称】【地质成因】【密实度】【湿度】【可塑性】【磨圆度】【风化程度】菜单中有下拉菜单可直接选用；钻孔编录后，可在主界面点击【详情】【分层预览】菜单了解编录具体情况，【单孔检查】【剖面检查】对地层层序进行检查和分析，并及时进行修正，如图 4-22～图 4-26 所示。点击【终孔】，在有网络的情况下可以进行定位，终孔拍照在有网络和无网络情况下均可进行。

图 4 - 21　岩芯编录

图 4 - 22　分层编录界面

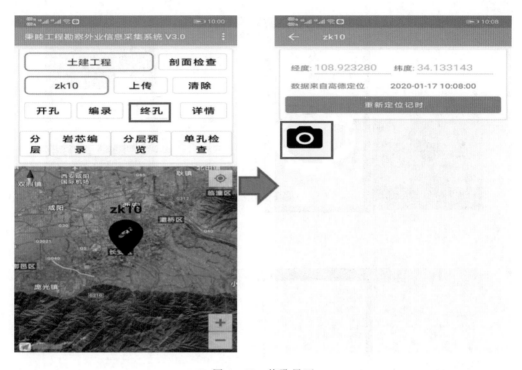

图 4-23 终孔界面

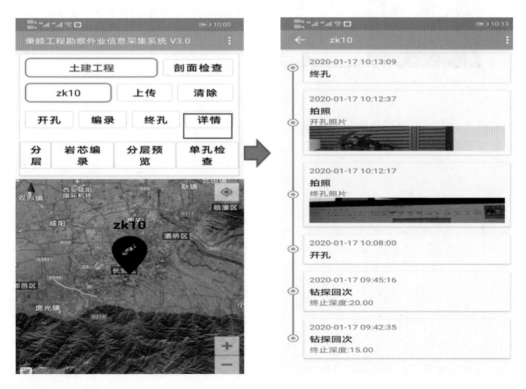

图 4-24 详情界面

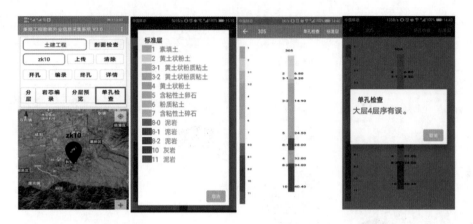

图 4 - 25 单孔检查功能

图 4 - 26 剖面检查功能

检查无误后，在有网络的情况下，点击主界面【上传】菜单，可同时上传到在线数据库和监管平台，项目负责人和主管总工可以随时监管钻孔编录情况，为后续三维制图提供了方便。

第 5 章

岩体（水电）建模

5.1 资料准备

按照工作要求准备资料，主要是数据格式满足建模要求，具体包括：首先将平面地质图中的地质对象露头线和剖面图中的地质分界线整理和标识成统一对应的地质名称；然后导入到 CnGIM 软件中，具体步骤如图 5-1 所示。

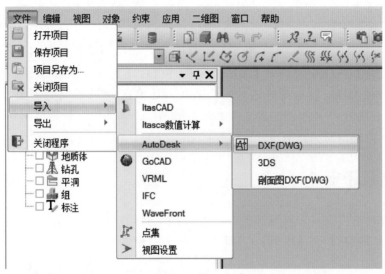

图 5-1（一） 导入平面图或剖面图的地质信息

 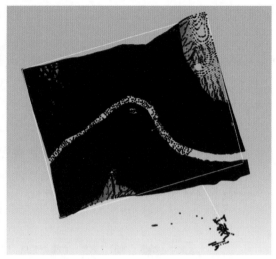

图 5-1（二）　导入平面图或剖面图的地质信息

点击【文件】→【导入】→【AutoDesk】→【DXF】或【剖面图 DXF】，选择处理好的平面图或剖面图，勾选要导入的地质对象（尽量在 .dxf 里闭合多段线，延伸边界外），点击【应用】，导入模型边界范围、地形等高线、剖面线、覆盖层出露线以及断层、基岩等地质对象的出露线和地质分界线等数据。

5.2　创建地形面

资料数据准备完成后，开始创建地形面，先从地形等高线中提取等高点，选择对象后点击【点】→【创建】→【线集】，在下拉菜单命令中选择已导入的地形线，如图 5-2所示。

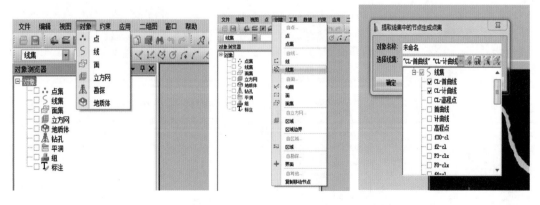

图 5-2　创建等高点

创建面：选择对象，然后点击【面】→【创建】→【中间面】，选择用地形线创建的点集。对面进行加密：选择对象，然后点击【面】→【工具】→【加密】，左键单击面，空格键重复命令，如图 5-3 所示。

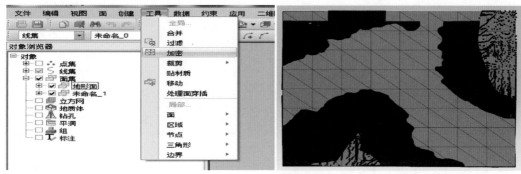

图 5-3　创建面流程

对面进行拟合插值计算：选择对象，然后点击【面】→【约束】→【模糊约束】→【几何】→【边界约束】，点击拾取边界线；点击【约束】→【模糊约束】→【几何】→【点集约束】，选择点集；点击【约束】→【离散光滑插值】。重复加密与拟合步骤，形成面，检查贴合度，地形面建模完成，如图 5-4 所示。

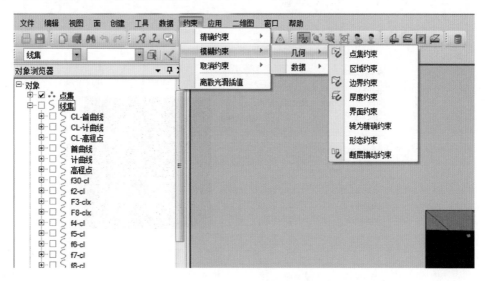

图 5-4（一）　拟合插值计算

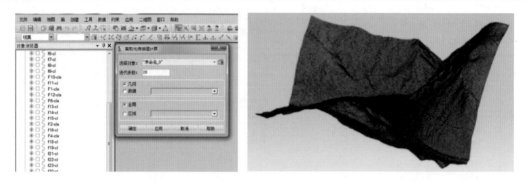

图 5-4（二）　拟合插值计算

5.3　风化面和断层建模

1. 风化面

风化面的建模过程和地形面大体一致。首先将整理好的平面图中的剖面线导入 CnGIM 界面，方法见 5.2 节；然后逐个将剖面图中的名称统一的风化界线导入 CnGIM 中：点击【文件】→【导入】→【AutoDesk】→【剖面图 DXF】，选择处理好的各个剖面图，点击【选择剖面线 ✎】，选择从平面图中导进的靠近剖面线起点的位置，输入剖面线高程位置，并指定图纸起点，比例输入 1：1，点击【应用】，如图 5-5 所示。

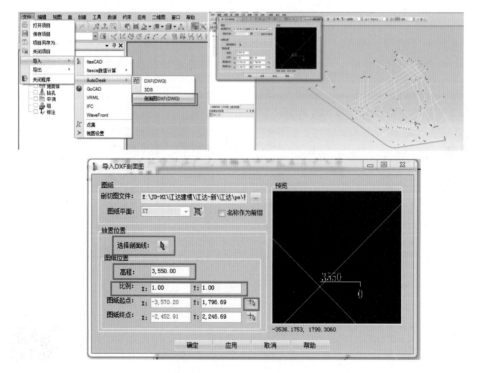

图 5-5　导入剖面线信息

导入剖面线后，利用剖面线中的风化界线创建风化点集，运用风化点集创建中间面，对中间面进行加密拟合计算，形成风化面。步骤同地形面创建一致。

2. 断层

对平面图中导入的断层露头线进行处理：选择对象，然后点击【线】→【工具】→【过滤】→【加密】→【约束】→【离散光滑差值】→【投影到面】，将断层露头线投影到地表面，如图 5-6 所示。

图 5-6 导入断层露头线并投影到面

然后创建面：选择对象，然后点击【面】→【创建】→【线与产状】，选择断层线，输入断层的倾向和倾角，创建面，如图 5-7 所示。

图 5-7 创建断层面

5.4 覆盖层建模

覆盖层建模步骤与地表面建模大体一致：指定地形→指定覆盖层类型→编辑露头线→导入勘探资料→人工推测干预（引入厚度约束）→定义建模方向→迭代完成建模，如图5-8所示。

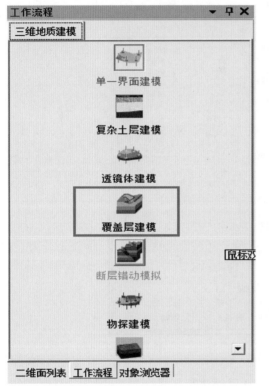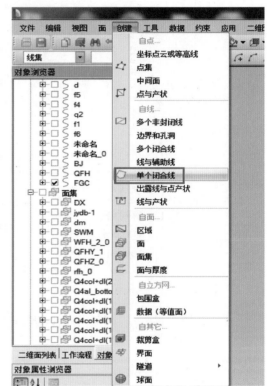

图5-8 覆盖层两种建模方式

创建线：选择文件→导入.cad平面图→覆盖层露头线（尽量在cad里闭合多段线，延伸边界外）。选择对象，然后点击【线】→【工具】→【加密】→【约束】→【离散光滑差值】→【投影到面】，将闭合的覆盖层露头线投影到地表面。

创建面：【工作流程】→【覆盖层建模】或对象→【面】→【创建】→【单个闭合线】。面创建完成之后，根据需要对该面边界作模糊约束和精确约束。在面对象下，选择约束→模糊约束→边界约束，选择需要变动的边界（与地形边界重合的边界）进行模糊约束。同理，在面对象下，选择约束→精确约束→边界约束，选择需要固定的边界（地形面内部的边界）进行精确约束，保证该边界固定不动。

拟合插值计算：【面】→【约束】→【精确约束】→【几何】→【边界】，点击拾取边界线；【约束】→【模糊约束】→【几何】→【厚度约束】，输入最大最小厚度值；【约束】→【离散光滑插值】。重复加密与拟合步骤，形成面，检查贴合度，如图5-9所示。

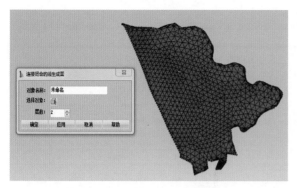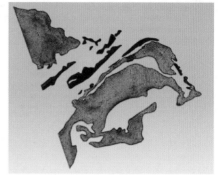

图 5-9　覆盖层建模

5.5　包络体建模

建立包络体后即可进行地质体体积的查询计算，建立包络体主要采用以下两种方法。

1. 面封闭

以覆盖层包络体为例，复制 5.4 节的覆盖层底面作为顶面，在面对象下点击【约束】→【模糊约束】→【几何】→【厚度约束】（图 5-10）；也可以将剖面和钻孔数据进行约束，点击【约束】→【模糊约束】→【几何】→【点集约束】（图 5-11）。钻孔数据揭露一般都是以 maker 界面点显示，首先将分界界面提取出点数据，在点对象下，点击【创建】→【界面】，从勘探界面生成点，然后再进行对面的点集约束（图 5-12）。

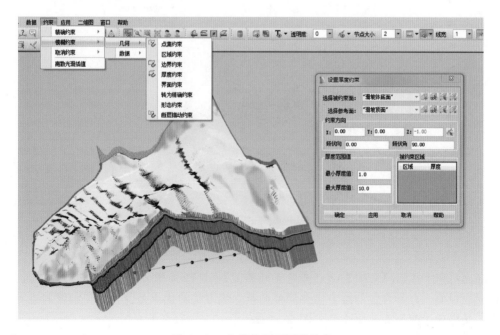

图 5-10　包络体顶面厚度约束

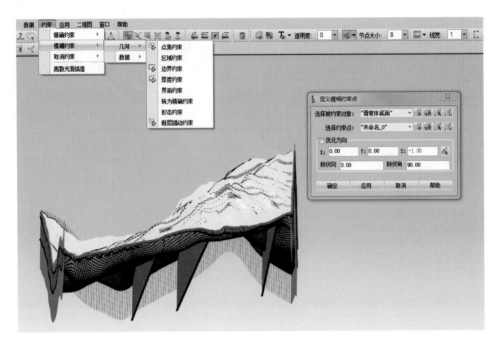

图 5－11　包络体顶面点集约束

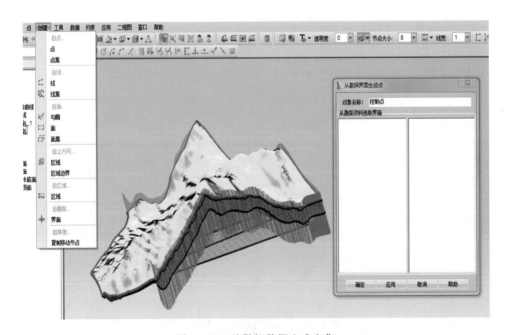

图 5－12　从勘探数据生成点集

在面对象下点击【约束】→【离散光滑插值】，选择要积分的面进行插值计算，得到所需要的顶面。有不合适的地方需要局部调整，该方法的优点是既保证了前缘的边界固定不变，又得到了两个面的厚度值（图 5－13）。

创建包络体，上下底面创建之后，需要对侧面进行创建，然后闭合形成一个包络体。

首先提取面边界，在线的对象下，点击【创建】→【面集】边界，生成线。然后对线做处理，获得上下面的侧边界线。在面对象下，点击【创建】→【单个闭合线】→【选择闭合线】，生成侧面。

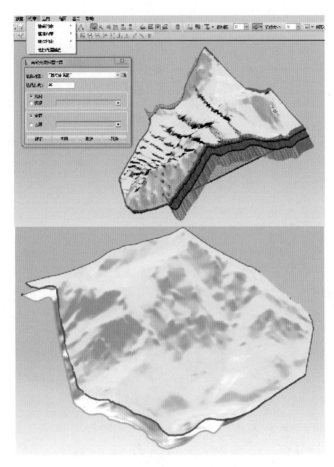

图 5-13 顶面拟合插值与优化

将侧面和上下底面合并，生成包络体。选择【面】→【创建】→【面集】→选择要合并的面，生成一个面对象。然后选择【工具】→【合并】→选择"包络体"面对象，点击应用完成包络体的创建（图 5-14）。

2. 立方网

以建立岩体包络体为例，步骤如下：

（1）建立参加包络体的面。按照创建地形面、风化面和断层建模以及覆盖层的方法建立包络体需要的面，建立完成基岩顶板面以及开挖面，如图 5-15 所示。

（2）创建立方网。打开裁剪盒，调整裁剪盒的范围，直至满足包络范围（图 5-16）。点击【立方网】→【创建】→【自裁剪盒】，如图 5-17 所示。其中，定义的立方网网格越小，精度越高。

（3）面切割。点击创建好的立方网，点击【区域】→右键【创建自多个面的切割】，如图 5-18 所示。

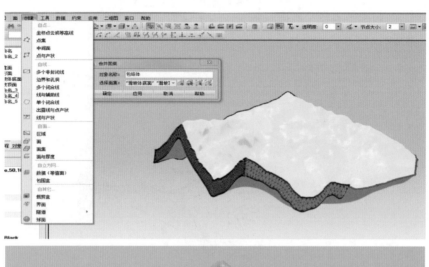

图 5-14　生成包络体

图 5-15　参与包络的面

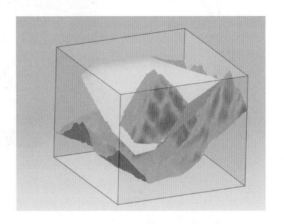

图 5-16　裁剪盒确定建模范围

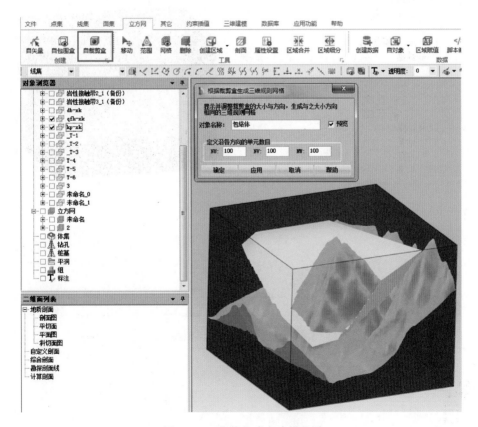

图 5-17　裁剪盒确定建模范围

图 5-18　面切割创建区域

（4）体积查询。【创建自多个面的切割】命令运行完成后，立方网出现图 5-19 所示切割区域，可右键将不需要的区域设为"空气"，或者直接关闭该区域。右键点击【设置区域属性】，即可查看各区域体积，确定哪个区域是料场即可，如图 5-20 所示。

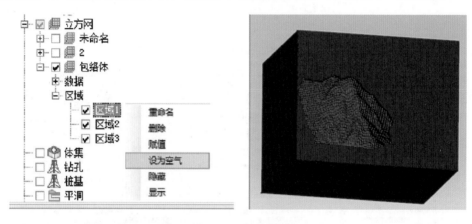

图 5-19　切割后的区域

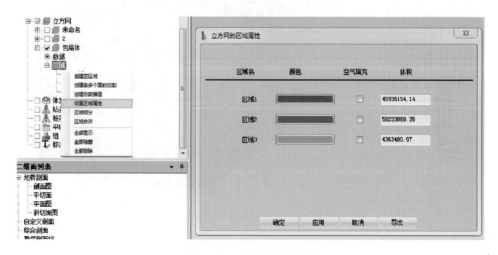

图 5-20　各区域属性查询

5.6 河床透镜体建模

5.6.1 适用条件

河床透镜体建模根据钻孔等勘探资料进行创建，它主要是一个针对封闭形态界面（含透镜体、溶洞、孤石等）空间形态模拟技术要求单独开发的建模流程，可以快速地构建透镜体形态，也允许人工对边界位置进行修正，体现地质推测和判断。该功能常用于复杂透镜体模型的建立。

5.6.2 建模过程

复杂土层建模对应于 CnGIM 中【工作流程】→【透镜体建模】的流程化操作，弹出标题为"透镜体建模"对话框，如图 5-21 所示。

图 5-21　透镜体建模流程

通过点击【选择建模方法】→【选择工程地质钻孔或平洞、地质点信息】→【选择目标对象，并检查和确认顶、底分界面】→【导入或定义模型范围】→【定义边界】（通过【生成中见面】【加密中见面】【逼近计算】建立透镜体基准面，通过【勾画边界线】【加密边界点】【光滑边界】【投影到辅助面】等功能确定透镜体边界）→【拟合计算】（生成初始透镜体，通过【网格加密】【拟合计算】拟合透镜体）→【检查与修正】（根据透镜体顶面与地面，修正透镜体模型），共 7 个步骤建立透镜体模型（图 5-22）。

图 5-22　透镜体模型建模成果

第 6 章

土 体 建 模

6.1　单一界面建模

6.1.1　适用条件

　　单一界面建模包括地层界面、断层面界面等，这种方式主要是利用勘探资料创建一般性地质界面，在建模流程中除充分考虑勘探点部位的精度要求以外，另一个重点是所创建的地质界面与参考面的空间相对关系，如两个相邻地层面之间的厚度关系，用于编辑和修正界面形态，使得采用数学拟合的界面形态之间体现地质上的合理性。

6.1.2　建模过程

　　1. 数据准备

　　数据来源于前期录入的钻孔数据和测绘数据。其中，钻孔数据可通过数据库管理器点击【导出至 CnGIM】→【勾选需要导出的钻孔】命令导入至三维可视化平台；测绘数据可通过点击【文件】→【导入】→【点集】命令导入至三维可视化平台。

　　2. 模型建立

　　(1) 提取勘探界面数据(点击【对象】→【点】→【创建】→【界面】，选取需要建立的勘探界面)，定义提取界面属性(选取创建的点集，通过点击【对象浏览器】→【地质】，分别更改【代号】和【分类】属性)，并使数据处于【顶视图】状态下，确保待建模型规整。

　　(2) 在【工作流程】中双击【单一界面建模】，采用流程化建模的方式建立一般性地质界面，如图 6-1 所示。

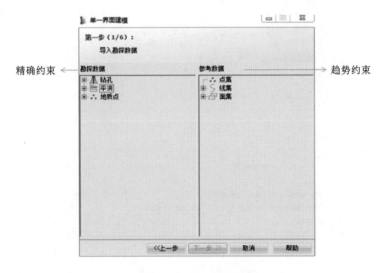

图 6-1　单一界面流程

1)【导入勘探数据】。参与单一界面建模数据资料，根据其可靠程度，分为100％可靠的勘探数据（钻孔、平洞、地质点）和趋势合理的参考数据（点集、线集、面集）。

2)【导入或定义模型范围】。对大多数地质对象可以使用统一的模型范围。

3)【创建模型】。这一过程中先将勘探位置设置成模糊约束，通过反复使用加密网格（全局加密）和 DSI 逼近运算（拟合计算），使得创建的界面充分接近这些勘探点（注意勘探点之间有数个三角形网格时，保证勘探点精度）。

4)【检验与修正】。引入参考面，对缺乏勘探控制点的区域进行修正调整，确保地质界面之间地质关系的正确性和空间相对几何关系（厚度）的合理性。

5)【物探校正】。利用物探解译成果（参考面）进一步调整模型起伏形态，将创建的面超出模型范围部分进行裁剪处理。

6)【优化与输出】。保存目标对象，完成单一界面建模。点击【对象浏览器】→【面集】查看。

6.2　一键建模

6.2.1　适用条件

主要针对层位相对清晰简单的情形，具体是钻孔编录能够划分出大层和亚层分界，采用几何信息建模，能够自动快速构建含复杂尖灭层和简单透镜体的土层三维模型。一般情况下，一键建模生成的模型与实际地质条件一致，无须修改即可满足工程应用需要，但在一些更复杂的情况下，需要在一键建模生成的模型基础上进行一些修改或局部重构才可以满足要求。

6.2.2　建模过程

一键建模对应于 CnGIM 中【地质体】→【创建】→【模型】命令的操作，弹出标题为"一键建模"对话框，如图 6-2 所示。

图 6-2　一键建模模块

（1）选择建模钻孔和地形面，点击【激活计算】→【定义层序】。如图6-3所示，可以自动生成排序，手动修改；也可以通过点击【连接数据库】，选择数据库中定义的默认排序方式。

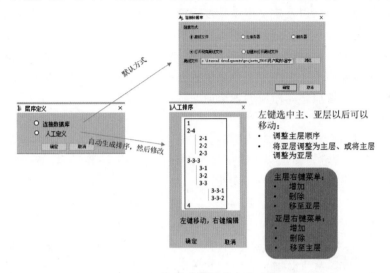

图6-3　一键建模层序定义功能

（2）检查与调整地层。

1）可能出现的地层层序的错误有以下两种（图6-4）：①单个钻孔内大层间隔出现（可重复代表透镜体，但不能与其他大层间隔出现）；②单个钻孔内大层顺序错误（不服从上新下老的要求）。

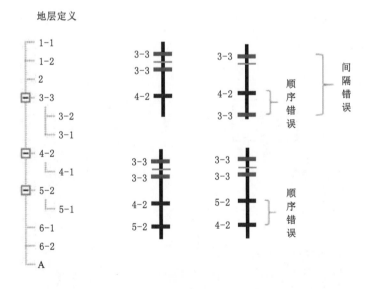

图6-4　可能出现的地层层序错误

2）处理方式有以下两种选择：①忽略错误层位钻孔，即这些钻孔的界面不参与建模，可通过【添加界面】→【剔除界面】→【剖面检查】进行调整；②退出建模命令，要求修改后再建模。

（3）点击【调整模型范围】，定义模型范围。

（4）点击【应用】后，程序自动建立地质体模型。通过调整平面 X 方向和 Y 方向放大系数定义模型的大小，以及定义模型精度（网格密度）系数和尖灭范围大小系数后，生成包含连续层、复杂尖灭层和透镜体的土层三维地质模型，地质模型在对象树中的地质对象有两种形式：一种是由封闭的地质单元组成的地质体对象；另一种是常规的地层面对象，名称与地质体地质单元相对应，自动生成在面集节点下。生成二维剖面时可以选择地质体或与该地质体各地质单元对应的地层面。

（5）模型检查。

1）通过三维层面与钻孔标志对比的方式进行模型检查（图 6-5）。选择对象树下【钻孔】节点，单击右键，弹出菜单选择【界面列表】显示钻孔标志，对比三维层面与钻孔标志层面位置关系，检查模型的合理性。

图 6-5 三维层面与钻孔标志对比

2）二维层面与钻孔标志对比（图 6-6）。点击【生成剖面图】符号，选取地质体、钻孔和平洞等数据，创建剖面线或选取已有剖面线，生成二维剖面图，对比二维层面与钻孔标志层面位置关系，检查模型的合理性。

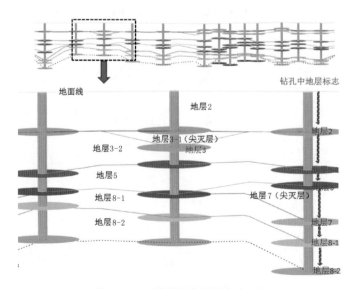

图 6-6 二维层面与钻孔标志对比

6.3 复杂土层建模

6.3.1 适用条件

复杂土层建模针对特定需要将创建和编辑命令组合在一起，快速实现相应的目标。可以通过流程来实现命令，在操作设计时针对直接采用勘探资料（地质点、钻孔、平洞）建模的工作方式，非常适合于新建工程。对于已经取得阶段性二维图形的老工程，可以将这些图形导入 CnGIM 以后，从线集中抽取点，将这些点视作地质点时，也可以采用流程建模。

复杂土层建模适用于多种成因、尖灭层较多、层位重复多、存在残积层、基岩、水流作用和复杂出露等情况，这类情况的建模需要人工交互干预，宜采用复杂土层建模流程进行建模。

6.3.2 建模过程

复杂土层建模对应于 CnGIM 中【工作流程】→【复杂土层建模】的流程化操作，弹出标题为"复杂土层建模"对话框。

（1）【导入勘探数据】。选择建模钻孔、参考点集数据。

（2）【导入或定义模型范围】。选取地形面，确定模型范围，可通过设置比例大小和裁剪盒范围确定。

（3）【层序定义与基础数据检查】。检查地层层序，如图 6-7 所示。

（4）【大层检查、修正与建模】。检查大层层序，建立大层，如图 6-8 所示。

（5）【亚层与大层关系检查与修正】。检查亚层与大层关系，如图 6-9 所示。

（6）【亚层尖灭分区编辑与建模】。通过【添加界面】→【剔除界面】→【剖面检查】等功能进行修正，建立亚层。

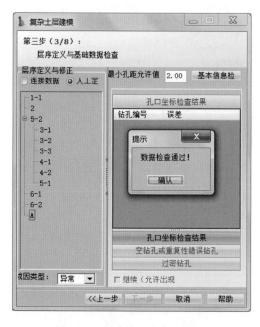

图 6-7 层序定义及基础检查

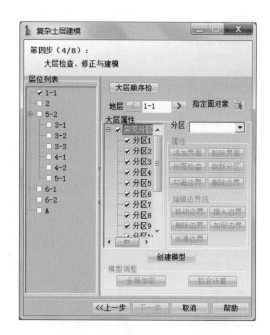

图 6-8 大层检查、修正与建模

（7）【透镜体检查、修正与建模】。检查透镜体位置与地层的关系，建立透镜体模型，如图 6-10 所示。

（8）【优化与输出】如图 6-11 所示，建立三维地质体模型，成果如图 6-12 所示。

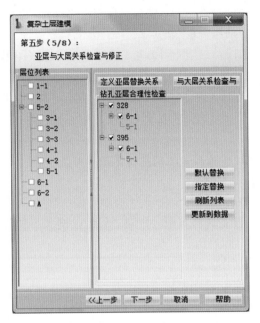
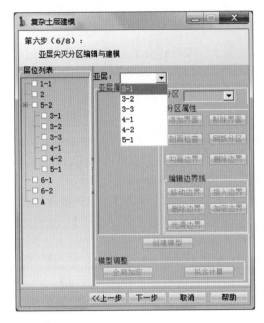

图 6-9　亚层检查与建模

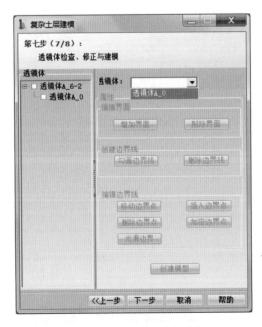

图 6-10　透镜体检查与建模

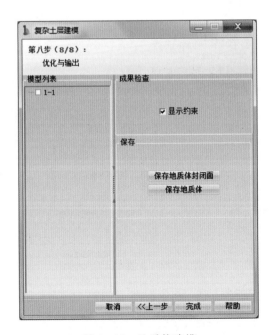

图 6-11　地质体建模

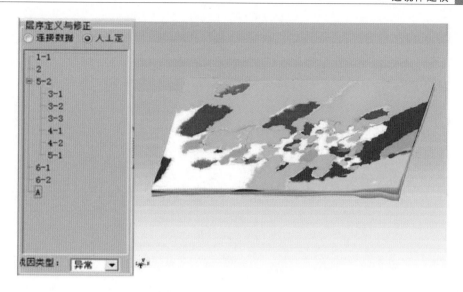

图 6-12　复杂土层建模成果

6.4　透镜体建模

岩土工程的透镜体建模与河床透镜体建模方法相同，同 5.6 节。

第 7 章

二 维 出 图 操 作 应 用

7.1 导入模板

7.1.1 导入剖面模板

打开 CnGIM，在主界面中点击【二维图】→【定义】→【剖面图模板定制】，弹出剖面图模板管理器对话框，单击【导入】，在浏览文件夹里选中"西北院剖面图模板"文件夹，点击【确定】后，在导入选项中选中要导入的内容，点击【继续】即可导入西北院模板，进行二维剖面出图。具体操作步骤如图 7-1 所示。

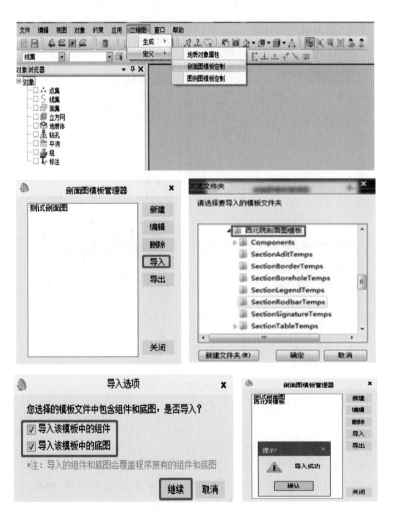

图 7-1 导入西北院剖面模板操作步骤

7.1.2　导入钻孔模板

打开数据库界面，在主界面中点击【钻孔柱状图】→【钻孔柱状图模版定制】，弹出钻孔柱状图模版管理对话框，点击【导入】，在浏览文件夹里选中"西北院钻孔模板"文件夹，点击【确定】后在导入选项中选中要导入的内容，点击【继续】即可导入西北院钻孔模板。具体操作步骤如图 7-2 所示。

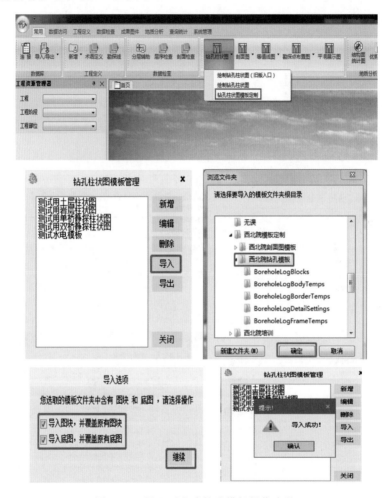

图 7-2　导入西北院钻孔模板操作步骤

7.2　剖面图生成与输出

7.2.1　生成剖面图

导入或创建三维地质模型以后，在 CnGIM 界面中，点击【应用功能】，引导出二维图工具条中的相关图标，如图 7-3 所示，单击二维图工具条中的 剖面图 图标，弹出生成剖面图对话框。在 CnGIM 界面中可直接点击【二维图】→【生成】→【剖面图】，也会弹出生成剖面图对话框，如图 7-4 所示。

图 7-3　二维图工具条中的相关图标

图 7-4　生成剖面图对话框

在生成剖面图对话框中，先"选择地质对象"，然后选择钻孔和平洞，填写剖面名称，定义一个钻孔、平洞与剖面的最小距离，即投影距离，给出允许偏离剖面的范围，仅在该范围内的钻孔和平洞投影到剖面上。

用控制点定义剖面线的形态，可以采用导入数据文件、选择剖面线、手工输入三种方式执行，即事先准备的数据文件、剖面线图形、控制点的人工捕捉和编辑。

1. 导入数据文件

当选择"导入数据文件"操作方式时，可从文件导入定义生成剖面图的参数。这种操作方式的文件数据格式和说明如下：

单击对话框中的【导入数据文件】，从弹出的向导中选择数据文件，剖面图中的数据从数据库中获取，连接【数据库】。建议用户在出图之前先把【数据库】连接上，否则在绘图时内容会缺失。

可选择连接离线数据库或在线数据库。当选择离线数据库时，点击【导入数据库剖面线】按钮即可打开数据库连接界面，选择"离线文件""打开现有离线文件"，选择数据库文件和要连接的项目即可，如图 7-5 所示。

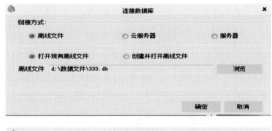

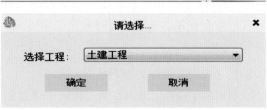

图 7-5　离线数据库连接

当选择在线数据库时，点击【导入数据库剖面线】按钮即可打开数据库连接界面，选择【服务器】，输入工号、密码，通过数据库配置连接在线数据库，选择数据库文件和要连接的项目后，点击确定即可，如图7-6所示。

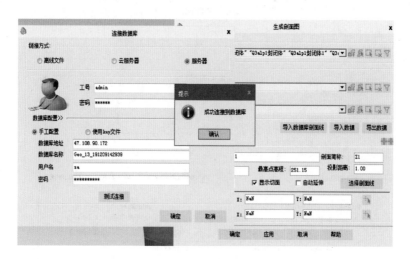

图7-6　在线数据库连接

连接完成后，所绘制的剖面图将包含【数据库】中该项目的信息，然后点击对话框中的【应用】或【确认】。

2. 选择剖面线

可以事先在 AutoCAD 中绘制剖面线，通过 .dxf 文件格式导入到 CnGIM，单击拾取剖面线时，靠近拾取点一端被默认为剖面的起点。

3. 手工输入

在对话框中输入定义剖面图的若干参数值，先选择点数，即定义剖面线的控制点数据，默认为两个点，即剖面线的起点和终点。点击该窗口右侧向上或向下的箭头 ![arrow] 增减控制点的数目，该数字发生变化时，对话框下部显示控制点坐标区域的行数也相应发生变化，每一行用于定义一个控制点的坐标。

输入剖面图最低点高程坐标和最高点高程坐标，接着输入控制点数据。第一点：与"点数"窗口内数字对应的第一个控制点坐标，可以通过两种方式键入，一是直接用键盘键入各坐标分量，二是单击最右段的箭头符号，然后移动到三维视窗中，在剖面起点位置再单击，所点击部位的坐标即出现在该窗口内，作为第一个控制点的坐标。第二点：与"第一点"的操作相同，定义第二个点的坐标，并以此类推，完成与"点数"窗口内数字对应的所有控制点的坐标选择和定义。

也可以在当前窗口中一次创建多个剖面，单击 ![icon] 新建剖面即可，最后点击【确认】或【应用】按钮，执行切图操作。

剖面图生成后，单击左侧结构树中【地质剖面】→【剖面图】，在图中的子集中的小方框并出现"√"时，表示所切的图件同时在三维视窗中显示，否则不显示，如图7-7所示。

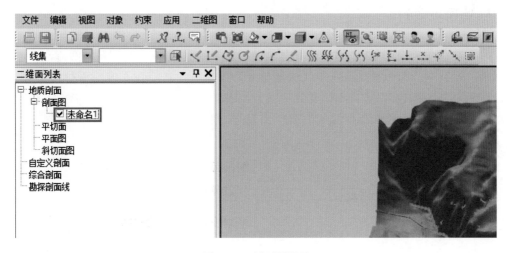

图 7-7　剖面图显示

7.2.2　输出剖面图

在软件左侧"二维面列表"中，点击【地质剖面】→【剖面图】，展开列表，即可显示所有已切好的剖面，有两种方式打开出图界面：方式一是在【剖面图】根节点上点击鼠标右键，选取"输出到 AutoCAD（新版）"，如图 7-8 所示，这种出图界面功能支持单张出图、多张出图、批量成图等出图模式，并能按多种方式配置比例尺和图纸尺寸，支持对单个剖面图进行分幅、排列布局和批量生成编号；方式二是在展开的子节点上点击选择相应名称的【剖面】，选择"输出到 AutoCAD"，如图 7-9 所示，这种出图界面功能只支持单张出图。

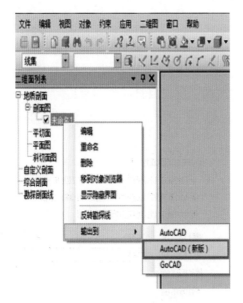

图 7-8　剖面图出图方式一

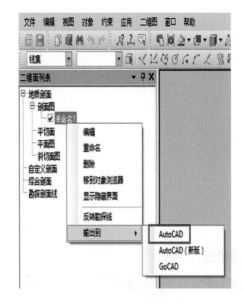

图 7-9　剖面图出图方式二

7.2.3 出图功能介绍

实际应用中，一般方式一这种出图模式成批出图。

在【选择剖面】区域内，可以选择是绘制单个剖面还是同时绘制多个剖面，如图7-10所示。绘制单个剖面时，需选中【绘制单个】单选框，然后在右侧的下拉框中选择相应的剖面名称；绘制多个剖面时，需选中【绘制多个】单选框，然后点击右侧的【选择剖面】按钮，在打开的剖面选择窗口中选择要绘制的剖面即可（窗口中右侧列表为选中剖面），如图7-11所示。

图7-10 选择绘制单个剖面或多个剖面

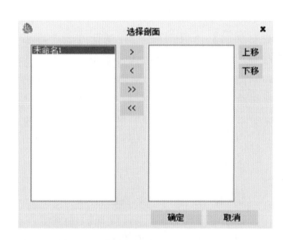

图7-11 选择多个剖面的窗口，右侧
列表为选中的剖面

尺寸，则需要同时输入比例尺和图纸尺寸。

点击【选择模板】区域内的下拉框，西北院剖面图模板定制工作已经完成，可以直接选取西北院模板出图，如图7-12所示。

接下来配置剖面图的比例尺和图纸尺寸，在"比例尺与图纸尺寸"区域中，软件提供了三种方案，如图7-13所示。

（1）方案1。手动指定比例尺，自动计算图纸尺寸，只需输入横比例尺和纵比例尺，程序会自动计算合适的图纸尺寸。

（2）方案2。手动指定图纸尺寸，自动计算比例尺，只需输入图纸宽度和图纸高度，程序会自动计算合适的比例尺。

（3）方案3。手动指定比例尺和图纸

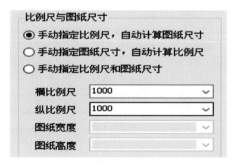

图7-12 选择西北院剖面图模板　　图7-13 确定比例尺与图纸尺寸的方案

注意：由于方案 3 采用全手动输入的方式，绘制出的剖面图效果可能会不理想，例如比例尺过大、图纸尺寸过小，可能会导致图形超出图框范围。BM _ GeoModeler 推荐使用方案 1 或方案 2，必要的时候才选择方案 3。

当遇到一条剖面太长时，用户可以使用【图纸分幅】功能来应对。在出图界面的【图纸分幅】区域内选中【启用分幅】复选框，可以使用分幅功能，如图 7 - 14 所示。

图 7 - 14　启用图纸分幅功能

当用户在【剖面选择】中选择了绘制多条剖面时，还可以在这里再次筛选哪些剖面需要分幅，点击图 7 - 14 中的【选择剖面】按钮，在弹出的【选择分幅剖面】界面中选择要分幅的剖面即可，如图 7 - 15 所示。选择好剖面后，还可以配置一些分幅参数，点击【分幅选项】按钮，即可打开【剖面图图纸分幅选项】界面，如图 7 - 16 所示。

图 7 - 15　选择剖面进行分幅

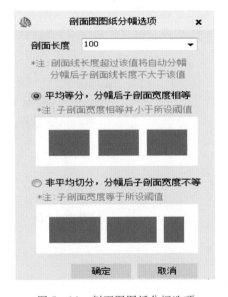

图 7 - 16　剖面图图纸分幅选项

该界面中可以配置触发分幅的临界剖面长度，例如在图 7 - 16 中，【剖面长度】输入框中输入了"100"，其意义是当剖面线的长度超过 100m 时就会自动分幅，且程序会保证每张分幅里的剖面长度不超过 100m。还可以选择是按照【平均等分】还是【非平均切分】来分幅。

剖面图中有一些与工程相关的信息需要用户填写，如工程名称、项目人员等等，这些都可以在【工程信息】界面中填写。在"其他选项"区域内点击【工程信息】按钮即可打开界面，如图 7 - 17 所示。

在【工程信息】设置界面中，用户可以填写工程名称、工程阶段、人员信息等图签中的内容，也可以设置花杆的高程系统和底部高程，还可以自动生成图号。

图 7-17 工程信息设置界面

如果用户选择了绘制多张剖面图，可以借助【排列布局】功能对它们在模型控件中的布局进行排列，点击【排列布局】按钮即可打开"剖面图图纸布局"设置界面，如图 7-18 所示。

图 7-18 剖面图排列布局设置界面

在布局设置中，用户可以选择剖面图的排列方式和行数、列数、间距等，具体的配置选项包括限制总行数、限制总列数、图纸横向间距、图纸纵向间距。

7.2.4 预览与出图

配置好出图参数后，可以在预览区中实时预览出图效果。点击【绘制剖面图】区域中的【绘制】按钮即可启动绘图进程，在预览区中绘制剖面如图 7-19 所示。绘图操作是在后台进行的，按钮左侧的进度条会实时更新后台的进度，绘制完成后，左侧的预览区内会显示实时预览图。

预览图绘制完成后，用户即可将其输出为 DXF 文件。如果用户绘制了多个剖面，还可以选择单张出图或批量出图，如图 7-20 所示。

点击【出图】按钮，将弹出文件路径选择对话框，确认后会将预览图输出到一个 DXF 文件里。点击【批量出图】按钮，则会将每个剖面输出为一个单独的 DXF 文件，文件名默认以剖面图的名称命名。

图 7-19　绘制剖面图　　　　　　　　　　　　　图 7-20　出图按钮

7.3　钻孔柱状图生成与输出

在数据库界面顶部菜单点击【钻孔柱状图】，弹出下拉菜单，选择【钻孔柱状图模板定制】即可，如图 7-21 所示，应注意，激活出图窗口时需先选择一项工程，未选择工程时会弹出错误提示，因此绘制钻孔柱状图前请务必选择工程。

图 7-21　柱状图出图功能

新版钻孔柱状图出图窗口如图 7-22 所见。界面左侧为控制区，主要的绘图控制选项均罗列在这一区域；右侧为预览区，用于展示当前的绘图成果的预览图。

在控制区上方"选择钻孔"区域内提供了钻孔选择的功能，通过单击按钮可以选择绘制单个钻孔或绘制多个钻孔。绘制单个钻孔时，选中【绘制单个】按钮，此时右侧的下拉框呈现为可用状态，下拉框中罗列了数据库中所有的钻孔，点击下拉框，即可选择要绘制的钻孔，如图 7-23 所示。

绘制多个钻孔时，点击【绘制多个】→【选取钻孔】按钮，即可弹出"选择钻孔窗口"，如图 7-24 所示。在"选择钻孔"窗口中，选中左侧列表中相应的钻孔并点击【＞】按钮，即可将其移动到右侧列表中（可多选）；点击【≫】按钮，则会将左侧列表中所有的钻孔移动到右侧列表。【＜】和【≪】按钮的作用则相反。【上移】和【下移】按钮用于对绘制钻孔的顺序进行排序。

在"选择模板"区域中，点击下拉框直接选择"西北院钻孔模板"，如图 7-25 所示。在"比例尺与分幅选项"区域中，可以任意指定柱状图的比例尺，当钻孔较深、不便绘制在单张图中时，可选择分幅出图，如图 7-26 所示。

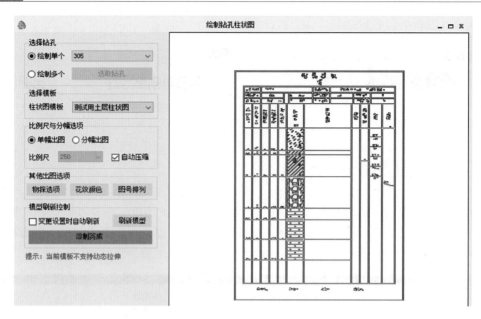

图 7-22 钻孔柱状图出图

图 7-23 选择单个钻孔绘制

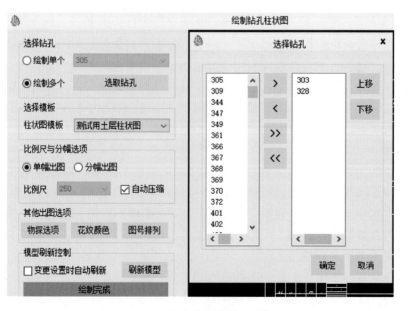

图 7-24 选择多个钻孔绘制操作界面

图 7-25 柱状图模板选择 图 7-26 比例尺与分幅选择

柱状图的比例尺可由程序自动计算，或手动指定。物探类型是在"术语定义"功能中自行定义的，因此在出图时，需要手动分配物探选项，如图 7-27 所示。当选择花纹样式为彩色模式时，可自行分配填充花纹的 RGB 值，如图 7-28 所示。当选择绘制多个钻孔或使用分幅模式绘图时，可能会需要对图幅进行排列。点击【图号排列】按钮即可使用排列功能。图 7-29 表示了"横向排列，最多 2 列，间距 50"时的效果。

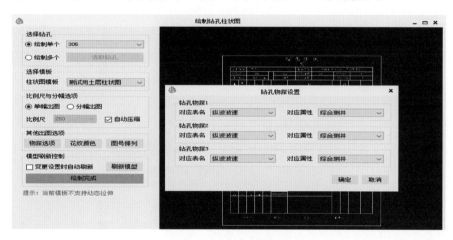

图 7-27 物探选项窗口

图 7-28 花纹颜色配置窗口

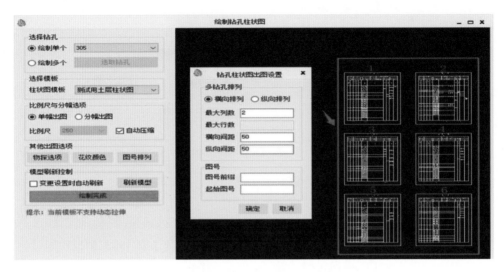

图 7 - 29　图号排列窗口

可以在"模型刷新控制"区域中进行绘图刷新操作。默认情况下，出图设置产生变更时，需手动点击【刷新模型】按钮后，程序才会刷新当前的柱状图图形。如果需要在每处设置变更产生时立即刷新模型，可勾选"变更设置时自动刷新"复选框，如图 7 - 30 所示。

图 7 - 30　模型刷新控制

"输出"区域用于进行 DXF 文件输出的操作。程序提供普通出图和批量单孔出图两种输出模式。使用普通出图时，点击【出图】按钮（图 7 - 31），在弹出的对话框中选择文件输出路径即可，此时程序会将预览窗口中的图形输出到一个 DXF 文件中。使用批量单孔出图时，点击【批量单孔出图】，在弹出的对话框中选择输出文件夹路径即可，此时程序会将选中的每个钻孔输出为一个单独的 DXF 文件。只有在"选择钻孔"区域中选择了"绘制多个"选项时才能使用批量单孔出图模式。

图 7 - 31　出图按钮

第 8 章

工 程 地 质 分 析

8.1 立方网与区域划分

三维地质建模在工程地质分析领域应用的核心环节是岩体质量分级和参数取值,其作用是把多种形式和类型的勘察资料转换成分析设计的定量依据。地质工程三维建模与分析设计一体化平台的计算机程序化过程采用了地质单元体的概念,其基本定义是地质体内具有相似工程地质特性和力学特性的区域范围。具体而言,除断层影响带等局部异常以外,地质单元体内影响岩体质量和岩体力学参数值的因素基本相同,岩体质量呈随机变化关系。因此,服务岩石工程稳定分析和支护评价的地质单元体划分,主要参照影响围岩质量和参数取值的因素,具体将涉及力学参数取值方法。

通常,岩性差异程度是划分地质单元体的常见依据,岩石强度是岩体质量分级的基本因素之一。当岩石强度差异悬殊时,需要把岩性分界面作为划分地质单元体的依据,以便在不同地质单元体内赋于对应的岩石强度的试验结果。由于岩石强度还随卸荷和风化程度变化,因此,卸荷和风化带也往往是地质单元体的边界。

以上是从岩体质量分级和参数取值角度对地质单元体的相关叙述,采用计算机实现地质单元体的划分则具有相当大的技术难度,技术挑战体现在以下两个方面:

(1)对地质分界面模型质量的要求。除采用 DSI 插值技术的 GoCAD 和 CnGIM 两种地质建模产品以外,国内水电行业其他地质建模软件都把二维出图作为开发目标,不考虑划分地质单位体和进行数据处理的需要。因此,在地质条件略显复杂时,模型技术质量基本都不能满足地质单元划分和数据处理的需要。目前条件下解决这一问题的唯一可行措施是采用基于 DSI 技术的建模软件,并要求达到一定的应用水准,即不仅能生成二维图,而且还能进行地质单元划分和数据处理。

(2)创建能携带大量信息的空间网格。简而言之,是要求在地质边界面包围的任意空间形态内充填 6 面体单元。与有限元相似,要求每个单元内能够储存信息和进行数据插值与运算,这就是 CnGIM 中的立方网技术。与有限元模型相比,服务地质分析的立方网网格数量会高出 2~3 个量级。一般三维有限元模型单元网格数量在 100 万以内,少数达到 100 万量级;而服务岩体质量分级和参数取值的地质单元体包含的网格往往在数百万甚至千万级水平,少数情况下可能上亿。如何在普通计算机上实现如此大规模数量网格的处理,是开发工作面临的重要挑战,系统研发中通过数学算法、显示技术等方面的不断优化,实现普通配置的笔记本电脑即可轻松处理数百万单元,满足一般条件下的工作要求。

8.1.1 立方网

从狭义的角度理解,立方网主要功能是实现数据处理,在创建"含属性三维地质模型"系统中,是和 DSI 相似的底层通用技术。不过,从广义的角度,三维地质建模与分析系统将几何和数据一体化处理，数据处理的用途之一是建模，因此此处专门介绍立方网。

立方网是在指定的规则空间范围内用小的正六面体进行充填，每个六面体被称为一个网格或单元，基本要求是储存信息，从而反映地质体特性的空间变化。实践用途包括体积计算和数据处理两大环节。

（1）体积计算。每个规则立方网体积可以精确计算，任何地质单元体内网格数量的简单叠加，即实现任意复杂形态地质单元（如开挖剥落的任意地层）体积的快速计算。

（2）数据处理。数据处理包括数据插值和运算等，其中数据插值的最常见形式是把从现场采集到的样本（物探结果、钻孔测试数据等）指标值推广到三维空间，并可以利用已有的指标值定义一个新的参数进行运算。注意这种推广和运算往往需要限定在一定范围内进行，这个范围一般指特性相近（控制因素相同）的区域，即地质单元体。

由此可见，不论是体积计算还是数据处理，都涉及地质单元体的概念。实际应用时，也往往需要先在立方网内定义地质单元体，这一过程通过立方网区域划分实现。

工程界非常关心的一个问题是立方网和数值模拟软件（例如 FLAC3D）计算网格之间的关系，即能否将立方网直接转换成数值模拟网格。为此，就目前的情况对这两个网格之间的关系进行简要叙述。毫无疑问，立方网不会只限于上述两个用途，直接转化为数值模型并同时给每个单元自动辅以计算参数，是立方网开发的目标之一。不过，即便如此，在目前条件下，还是需要明确立方网网格和数值模拟网格之间的差别，其中：

（1）立方网网格数量往往很大，一般在数百万至数千万级。而岩土工程三维数值计算网格一般在数十万量级，很少达到百万级。

（2）立方网网格更规则，这是因为立方网网格和数值模拟网格两者的用途存在差别：立方网网格的基本目的是反映地质体特性的空间变化，在工作区域内一般没有明显的重点和非重点部位之分；数值模拟网格划分时往往关注靠近建筑物周边的应力和变形，是重点部位，网格一般较细。

由于立方网网格数量多，在三维地质建模与分析系统中加入立方网功能以后，对计算机配置要求增高，为满足在普通计算机应用的需要，对开发技术（如显示能力和数据处理速度等）提出了很高要求。相比较而言，数值计算模型中耗费计算机资源的主要因素并非网格数量，而是对这些网格完成力学求解的数学计算过程，提高性能的内在点存在差异。这也是为什么在有限元（大量线性方程组稀疏矩阵求解）非常成熟和普遍应用以后，采用拉格朗日迭代算法的 FLAC3D 还会出现和获得普遍接受。

三维地质建模与分析系统的立方网可以直接转为 FLAC3D 网格，但缺乏足够的实用价值。最主要的原因是两者用途的差异，满足描述岩体特性空间变化性的立方网往往相对均匀、数量众多，与 FLAC3D 计算网格划分原则存在明显差异，直接转换成 FLAC3D 模型后的问题是合理性，非重点区域网格数量过多也可能严重影响运算效率。

当然，对立方网进行一定处理以后，可以很好地满足 FLAC3D 运算的要求。目前这方面研发工作的重点是适应面，以达到顺利完成三维建模的目的。

8.1.2　区域划分

地质体的不连续性也决定了地质体工程特性空间分布的不连续，以波速为例，从完整砂岩钻孔内测试获得的波速样本值，可以代表这一层砂岩波速分布，因此可以将测试结果从钻孔"推广"到整个砂岩层并进行后续的运算（如岩体质量指标值和分级结果的计算）。如果其相邻地层为页岩，则从砂岩中获得的波速测试值不应该被推广到页岩内。这一简单情形说明了数据处理对地质单元的依赖性，即数据处理需要建立在地质单元体基础上。

由大量网格组成的立方网外形呈规则状，在此基础上的区域划分往往通过以下形式实现：

（1）导入已有的地质界面，彼此相交形成封闭空间，所有形心落在该封闭空间内的网格共同组成一个区域，即一个地质单元体。

（2）利用数据值进行划分，给定数据值变化区间，以此为准划分区域。由于每个网格单元形心的 X、Y、Z 坐标被默认为三个数据值，因此，即便是一个空白的立方网，也可以根据坐标值区间划分区域。与之相似地，先在整个立方网内进行某个数据指标的插值处理，使该指标值充填到每个单元，然后根据分布区间划分区域。

反过来，地质单元体的边界反映了地质分界面，因此可以通过数据划分区域，用区域边界构建地质分界面，即面模型。例如在矿山行业圈定矿体范围时，往往以可开采品位空间分布作为基本依据，是利用数据（品位值）创建模型（矿体边界）的典型用途之一。与之相似地，利用静探数据进行土层类型划分和建模、利用物探数据圈定给定地质体边界，都是从数据到图形的应用方式，统称为数据建模，是三维地质建模与分析系统图形和数据一体化技术特点的实际应用，也反过来印证了系统规划设计阶段图形和数据一体化构架形式的必要性。

即便立方网用于构建地质模型，创建立方网和在立方网内进行数据插值处理仍然是不可缺少的过程。创建立方网的位置和范围取决于工作目的，当针对近地表范围创建立方网时，立方网往往会超越地表，因此在区域划分时往往要求导入地面模型，且应先划分并自动定义出地表以上的空气区域，因后续工作往往会自动剔除空气区域。

采用地质分界面划分区域时，导入哪些界面模型作为划分区域的依据，则需要根据用途而定。一般而言，划分区域时不需要导入所有已创建的面模型，仅需要起到边界作用的那些分界面。比如，在进行开挖剥落量计算时，只需要导入需要分开计算的地层界面，如其中的风化界面、有用料和无用料分界面等。而利用岩体质量分级结果进行参数取值时，视取值方法考察因素的差异，区域划分方式可以不同。比如，Hoek 取值方法需要考虑岩性指标 mi，因此，需要将岩性差别较大的岩层面作为区域边界；当采用水电经验取值方法时，则不考虑该指标，无需按岩性划分区域。

当采用地层面划分区域时，系统在读入数据库定义的层序以后，会自动按照层序关系划分区域且以地层时代名称命名区域，从而更容易识别区域对应的地质含义。

8.2　立方网的使用方法

立方网由在一定立方体空间的大量等体积六面体单元组成，根据岩性和结构面划分区域及导入空间物探数据后，结合 DSI 方法，可以用来可视化分析物探数据的空间分布。图 8-1 表示了创建立方网的菜单命令列表与功能解释，可以自矢量、自对象包围框、自裁剪盒创建立方网（图 8-2～图 8-4）。

- 自矢量　　　　　——→　自定义的原点和U、V、W方向矢量创建立方网
- 自对象包围框　　——→　利用所选对象的包围盒创建立方网
- 自裁剪盒　　　　——→　自定义裁剪盒范围创建立方网

图 8-1　创建立方网的菜单命令列表与功能解释

立方网工具菜单包括：移动、网格、创建区域、缩放、剖面、区域细分、区域合并、区域属性等子菜单命令，创建区域命令包括数据值创建、面切割创建、勾画创建功能。立方网工具菜单内容如图 8-5 所示。

8.2.1　全局命令操作

需要移动或旋转时，点击【工具】，弹出【平移或旋转】立方网对话框。多次单击【应用】按钮，被选择的立方网将连续按照输入或选择的平移矢量进行多次平移或旋转，如图 8-6 和图 8-7 所示。

图 8-2　自矢量创建立方网

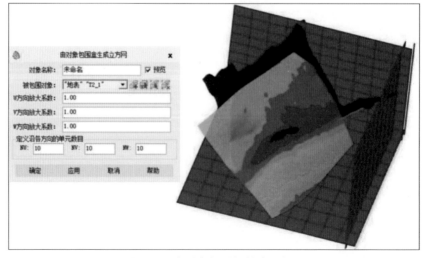

图 8-3　自对象包围框创建立方网

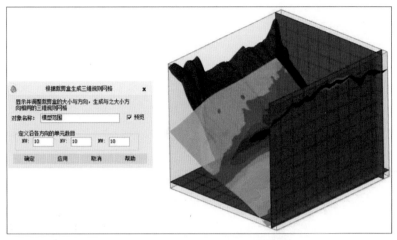

图 8-4 自裁剪盒创建立方网

图 8-5 立方网工具菜单

图 8-6 立方网平移

此外，也可以在 CnGIM 主界面中的【对象浏览器】中的对象树上选择需要平移或旋转的立方网，右键单击弹出快捷菜单，鼠标左键单击快捷菜单中的【移动】子菜单弹出对话框，进行平移和旋转操作。选需要修改网格时，选择网格，弹出修改立方网网格的对话框，分别输入需要设置的 U、V、W 三个方向的网格数量或者网格尺寸后，单击对话框中【确定】或【应用】按钮执行网格修改操作。如果某一个方向（U、V、

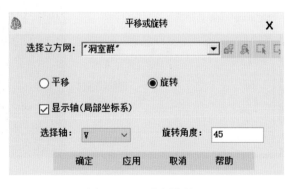

图 8-7 立方网旋转

W）同时输入了网格数量和网格尺寸，新生产的网格数量将以定义的网格数量为准而忽略输入的网格尺寸。修改网格后，立方网原有的数据（X、Y、Z 除外）、区域等信息将被删除，如图 8-8 所示。

需要缩放时，点击【缩放】，弹出修改立方网空间大小的对话框，分别输入 U、V、W 三个方向的尺寸缩放系数，然后单击对话框中【应用】或【确定】按钮执行修改立方网空间大小的操作。输入的缩放系数绝对值大于 1，表示放大；绝对值小于 1，表示缩小；输入的系数值为正，表示沿着原来的方向缩放；输入的系数为负，表示沿着原来方向的反方向缩放。修改后，立方网原有的数据（X、Y、Z 除外）、区域等信息将被删除，如图 8-9 所示。

图 8-8　立方网网格编辑　　　　　　图 8-9　立方网调整范围

8.2.2　局部命令操作

创建区域，点击【主菜单】→【工具】→【创建区域】→【数据值创建】，弹出根据数据值创建区域对话框，如图 8-10 所示。在对话框的选择立方网下拉列表中选择需要创建区域的立方网。

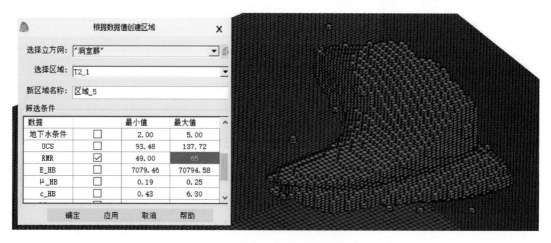

图 8-10　根据数据值创建区域

面切割创建区域，不考虑层序时，点击【主菜单】→【工具】→【创建区域】→【面切割创建】，弹出面切割创建区域对话框，如图 8-11 所示，根据面切割创建区域。

考虑层序时，实际地质建模的过程中可以给选择的不整合面和其他面设置地层的新老关系，然后使用面切割创建区域，程序自动将地表面上的区域合并为一个区域且设置此区

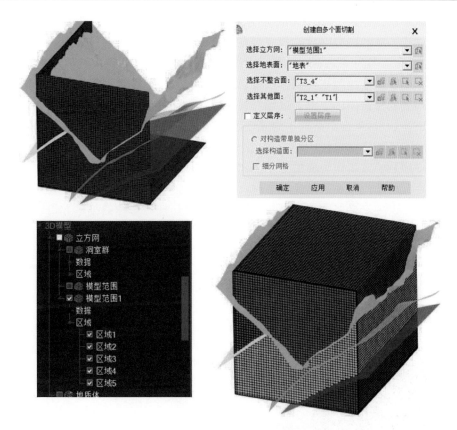

图 8-11 面切割创建区域（未定义层序）

域为空气，不再显示，同时将各个切割生成的区域命名为包围此区域的层序最小的面（最老的面）的名称。使用此功能时，不整合面、其他面的参数解释及区域的命名规则如图 8-12 所示。

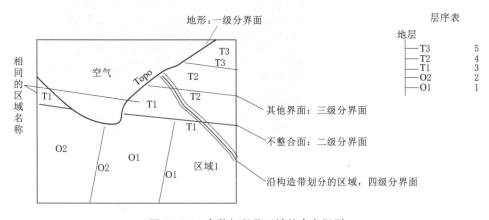

图 8-12 参数解释及区域的命名规则

考虑面层序的面切割创建区域的操作如下：

点击【主菜单】→【对象】→【立方网】，然后点击【主菜单】→【工具】→【创建区域】→【面切割创建】，弹出面切割创建区域对话框。在对话框的选择立方网下拉列表中选择需要创建区域的立方网后，程序会自动选择面集中命名为"地表"的面作为地表面（如果面集中没有命名为"地表"的面，在选择地表面的下拉列表中选择作为地表面的面或者点击选择地表面下拉列表右侧拾取按钮，然后在绘图区中单击鼠标左键拾取地表面）。依次在下拉列表或在绘图区中单击鼠标左键拾取选择不整合面以及其他面。选择面之后，勾选【定义层序】，再单击对话框中的【设置层序】按钮，弹出设置层序对话框，在设置层序对话框左侧的地层对象树中，右键显示快捷菜单，鼠标左键单击选择快捷菜单的【升序】或者【降序】子菜单作为面的排序方式。层序越小表示地层越老，当左侧列表中的对象为地层面且其地质代号在数据库定义时，可以通过连接数据库获得层序关系，否则需要人工定义层序。人工定义层序需要根据面的实际层序，按照选择的排序方式，单击拖动地层对象树中面的名称对面进行排序，完成排序后单击确定按钮返回面切割创建区域对话框。最后单击对话框上的【确定】或【应用】按钮，完成根据面切割创建区域，如图8-13 所示。

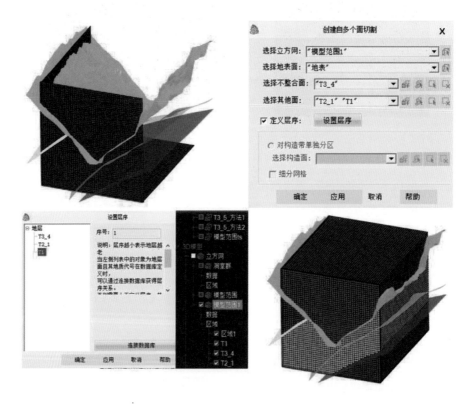

图 8-13　定义层序的面切割创建区域

　　勾画时，点击【主菜单】→【工具】→【创建区域】→【勾画】，弹出区域编辑器。在对话框中选择立方网需要创建区域的立方网后，单击区域编辑器中的【增加】按钮，区域编辑器中区域列表末尾将新增一个区域，此时成功创建一个空区域。在区域列表中单击鼠标左键以选择新创建的区域，然后单击【定义】按钮，将鼠标移动到绘图窗口，此时鼠标光标变成"十字形",在绘图窗口用鼠标左键单击拾取屏幕上的点,生成封闭的多边形边界线。单击鼠标右键停止拾取鼠标光标,恢复成箭头状,程序自动寻找出落在多边形边界线范围内的立方网网格并由这些网格构成之前在区域列表中选择的区域,如图 8 – 14 所示。

点击【主菜单】→【工具】→【区域属性】,弹出区域属性设置对话框,如图 8 – 15 所示,选择后,单击【导出】按钮,可以将立方网的区域属性信息导出成 excel 文件,如图 8 – 16 所示。

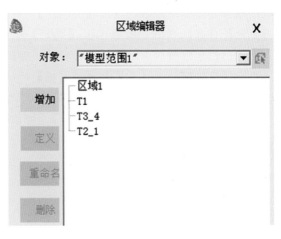

图 8 – 14　勾画创建空区域

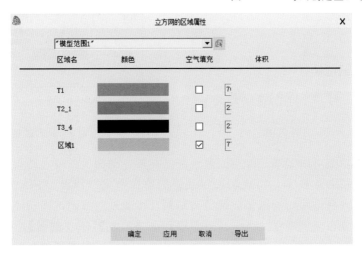

图 8 – 15　区域属性设置

图 8 – 16　区域属性导出成 Excel

区域合并区域细分时，点击【主菜单】→【工具】→【区域合并】，弹出区域合并对话框，选择合并区域后，最后单击【确定】或【应用】按钮，程序将对在"选择合并区域"右侧白色框内所显示的区域进行合并，如图 8-17 所示。

点击【主菜单】→【工具】→【区域】→【区域细分】，弹出区域细分对话框。选择【面分割】或【数据值分割】两种拆分方式，最后单击【确定】或【应用】按钮进行区域细分，如图 8-18 所示。

图 8-17　合并区域

图 8-18　区域细分

立方网剖面功能可以实现三维空间属性数据在某一剖面上的分布结果，如物探数据中的纵波波速，利用 DSI 技术，将现场勘探获得的物探数据（纵波波速）在三维空间中插值，获得整个立方网空间内的纵波波速分布结果，再通过立方网剖面功能，实现任意二维面上的纵波波速分布结果展示。点击【主菜单】→【工具】→【剖面】，弹出二维剖面生成对话框，如图 8-19 所示。在二维面列表中选中该剖面，右键【移至对象浏览器】将该剖面移至对象浏览器中，显示在视图中。

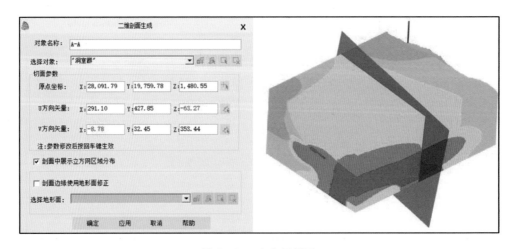

图 8-19　立方网剖面

8.3　数据插值与赋值

　　三维地质模型展示了地质体形态，立方网则用于描述地质体的工程特性，从而不仅模拟地质体的"形"（几何形态），更重要地体现地质体的"魂"（属性信息）。地质体工程特性模拟具体通过划分地质单元体（立方网内的区域）和在地质单元内的数据插值与运算两大类操作方式实现。

　　立方网是地质数据分析的通用技术，基本用途是把勘察工作获得的数据指标值通过插值的方式推广到指定地质单元体内的整个三维空间，同时具备脚本运算功能，从而实现大量有具体用途的数据分析和工程评价。如土建行业依据静探测试数据的土层分类和建模（图 8-20），矿山勘察的矿体范围圈定和资源评估、工程岩体质量评价和参数取值（图 8-21）等。

图 8-20　基于立方网的复杂地质单元划分

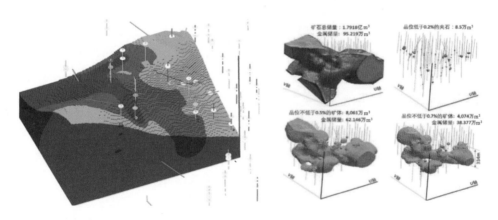

（a）空间海量数据处理　　　　　（b）矿山勘察的矿体范围圈定和资源评估

图 8-21　基于立方网的空间数据处理技术

8.3.1　创建数据并插值

　　立方网数据菜单包括的内容如图 8-22 所示。

103

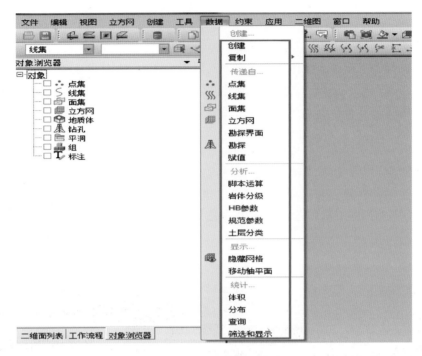

图 8-22 立方网数据菜单

图 8-23 基于点集数据创建并插值计算
得到的立方网空间数据

1. 自点集

点击【主菜单】→【数据】→【点集】，弹出基于点集创建数据对话框。在对话框的选择立方网下拉列表中选择需要创建数据的立方网（新数据将创建在该立方网上），再选择点集，点集中能够传递的数据参数将自动显示。点击向右的箭头预先准备需要投影到立方网上的数据。选择"对空单元插值"，点击【确定】或【应用】按钮，则将选择的点集数据传递到邻近的立方网单元，该点集数据值被自动当作立方网的固定数据约束。根据选择的插值方法得到立方网空间中的空单元（未知数据值单元），如图 8-23 所示。

2. 线集

点击【主菜单】→【数据】→【线集】，弹出基于线集创建数据对话框。在对话框的选择立方网下拉列表中选择需要创建数据的立方网（新数据将创建在该立方网上）和区域。选择线集，线集中能够传递的数据参数将自动显示。点击向右的箭头预先准备需要投影到立方网上的数据。选择对空单元插值，点击【确定】或【应用】按钮，则将选择的线集数据传递到邻近的立方网单元，该线集数据值被自动当作立方网的固定数据约束。根据选择的插值方法得到立方网空间中的空单元（未知数据值单元），如图 8-24 所示。

3. 面集

点击【主菜单】→【数据】→【面集】，弹出基于面集创建数据对话框。在对话框的选择立方网下拉列表中选择需要创建数据的立方网（新数据将创建在该立方网上）和区域。选择面集，面集中能够传递的数据参数将自动显示。点击向右的箭头预先准备需要投影到立方网上的数据。选择对空单元插值，点击【确定】或【应用】按钮，则将选择的面集数据传递到邻近的立方网单元，该面集数据值被自动当作立方网的固定数据约束。最后根据选择的插值方法得到立方网空间中的空单元（未知数据值单元），如图 8-25 所示。

图 8-24　基于线集数据创建
立方网空间数据

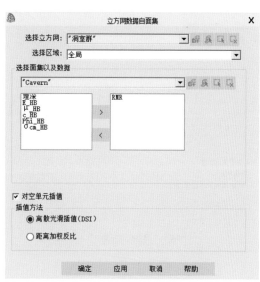

图 8-25　基于面集数据创建
立方网空间数据

4. 立方网

点击【主菜单】→【数据】→【立方网】，弹出基于立方网创建数据对话框。在对话框的选择立方网下拉列表中选择需要创建数据的立方网（新数据将创建在该立方网上）和区域。选择立方网，立方网中能够传递的数据参数将自动显示，然后点击向右的箭头预先准备需要投影到立方网上的数据。选择对空单元插值，点击【确定】或【应用】按钮，则将选择的立方网数据传递到邻近的立方网单元，该立方网数据值被自动当作立方网的固定数据约束。最后根据选择的插值方法得到立方网空间中的空单元（未知数据值单元），如图 8-26 所示。

5. 勘探界面

立方网数据自勘探界面功能的设计意图是为透镜体建模提供前处理，利用立方网 DSI 技术，将勘探界面赋值结果在立方网空间中插值，再根据插值结果生成地层面、识别界面，为透镜体建模提供基础数据。立方网数据自勘探界面对话框如图 8-27 所示。

点击【主菜单】→【数据】→【勘探界面】，弹出基于勘探界面创建数据对话框。选择立方网和相应的区域、选择勘探（钻孔、平洞等），选择勘探后，勘探对象包含的界面信息会自动显示在对话框中，用户可勾选参与插值的界面，并赋予相应的值（目前，仅支持一次勾选两个界面，超出或少于的情况，系统会提示）。具体地，赋值大小对应于地层新老关系，赋值越小，表示地层越新。点击【生成地层面并识别界面】，进行 DSI 插值运算，程序自动生成地层面，并对界面进行识别。点击【地层面对应界面展示】，可查看地层面对应界面的信息。点击【透镜体建模】，进入透镜体建模流程（目前该功能还在开发中）。点击【退出】，退出该对话框操作。

图 8-26　基于立方网数据创建并插值
计算得到的立方网空间数据

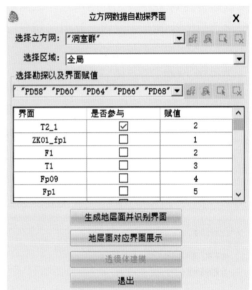

图 8-27　立方网数据自勘探
界面对话框

8.3.2　数据赋值

实际工作中的勘探对象包括工程地质测绘所得地质点、物探剖面、钻探、平洞勘探、探槽、马道、试坑等类型。地质点的创建相对简单；物探剖面的创建更多地借助立方体赋予数值进行，以便为解译提供图形支持；钻探、平洞勘探在水利水电工程中的地位十分重要，其承载了大量的原位测试成果，是开展地学统计分析的重要依据；探槽、马道、试坑等由于资料零散，通常按点的方式管理。

1. 自点集

点击【主菜单】→【数据】→【赋值】→【点集】，弹出自点集数据传递到立方网的对话框。在对话框的选择立方网下拉列表中选择需要创建数据的立方网（新数据将创建在该立方网上）。选择点集，点集中能够传递的数据参数将自动显示。点击向右的箭头预先准备需要复制到立方网上的数据。单击【数据值置空】使之处于勾选状态时，立方网将只创建与所选择复制的数据名相同的数据，但不是从点集中复制数据值；单击【复制数据值】使之处于勾选状态时，立方网不仅创建与所选择复制的数据名相同的数据，而且从点集中复制数据值到立方网并且该数据值被自动当作立方网，此时可以再选择对空单元插值，将选择的点集数据传递到邻近的立方网单元，该点集的数据值被自动当作立方网的固定数据约束且最后根据选择的插值方法得到立方网空间中的空单元（未知数据值单元）的数据值。点击【确定】或【应用】按钮，程序开始执行数据复制，如图 8－28 所示。

2. 自勘探

点击【主菜单】→【数据】→【赋值】→【勘探】，弹出复制勘探数据到立方网的对话框。先在对话框的选择立方网下拉列表中选择需要创建数据的立方网（新数据将创建在该立方网上），再选择钻孔或平洞，钻孔或平洞中能够传递的数据参数将自动显示。点击向右的箭头预先准备需要复制到立方网上的数据。单击【数据值置空】使之处于勾选状态时，立方网将只创建与所选择复制的数据名相同的数据，但不是从钻孔或平洞中复制数据值；单击【复制数据值】使之处于勾选状态时，立方网将创建与所选择复制的数据名相同的数据，同时从钻孔或平洞中复制数据值到立方网，并且该数据值被自动当作立方网的固定数据约束，此时可以再选择对空单元插值，将选择的钻孔或平洞的数据传递到邻近的立方网单元，该钻孔或平洞的数据值被自动当作立方网的固定数据约束且最后可以根据选择的插值方法得到立方网空间中的空单元（未知数据值单元）的数据值。点击【确定】或【应用】按钮，程序开始执行数据复制，如图 8－29 所示。

图 8－28　复制点集数据到立方网且数据置空

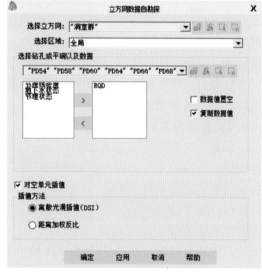

图 8－29　复制钻孔或平洞数据到立方网（数据置空）

8.4　岩体质量分级与参数取值

8.4.1　概述

岩体质量分级和参数取值是水电工程地质调查的核心内容之一，虽然国际范围内的岩体质量分级方法很多，但工程界普遍接受的几种方法［如 CnGIM 中引用的 RMR（rock mass rating）分级法、水电围岩 HC 分级法、岩体基本质量指标（BQ）分级法等三种］具有基本相同的工作理念和流程，概述为：

（1）通过相对简单的试验和测试获得岩石和岩体基本特征的定量指标，如岩石强度和岩体纵波速。

（2）通过现场编录获得结构面发育特征和性状以及地下水条件等描述性结果。

（3）按照单指标打分然后汇总的方式获得岩体质量基本分值。

因此，如果日常工作中兼顾岩体质量分级工作要求获得相应的单指标测值或描述结果，则可以自然地开展岩体质量分级，这就是 CnGIM 中岩体质量分级的基本技术路线。数据库记录 RMR 分级法、水电围岩 HC 分级法、BQ 分级法三种分级方法包含的所有单指标测值或编录结果，每个单指标除基本用途（如生成钻孔柱状图和平洞展示图）以外，还将用于岩体质量分级。由此可见，CnGIM 提供的岩体质量分级严格遵循了岩体质量分级"获取单指标值然后求和"的原始要求，区别于现实工作中直接给出岩体质量等级（结果）的工作方式，后者存在一些现实问题：

（1）脱离了岩体质量分级方法的工作流程要求，不能很好地体现岩体质量的主要影响因素，在海外工程实践中不被认可。

（2）成果质量可能存在瑕疵，在西部复杂地质条件下非常明显。相比较而言，复杂地质条件下单指标测试和描述对技术人员经验要求低，成果质量更有保障。

相关科学研究和实践已经证明，在相对复杂条件下，尤其是地应力水平相对较高时，Hoek 参数取值方法比传统的水电围岩 HC 分级法经验取值结果更合理和可靠，且二者差别较大。为此，CnGIM 还嵌入了这两种参数取值方法，不仅服务西部复杂条件下岩体力学参数取值，而且，前者具有良好的国际认可程度，从而可以用自己所熟悉的工作方式提供国际上认可的成果。

8.4.2 岩体质量分级与评价

岩体质量分级的概念出现在 20 世纪 70 年代，岩体的基本特点是变化性和难以准确定量表征，而服务于工程设计的岩体变形稳定分析工作高度定量化，地质成果难以转化成分析所需要的直接依据。为此，一些研究人员希望采用一种定量形式的宏观简捷方式描述岩体特性，服务分析设计。岩体质量分级起源于这种背景条件，最常见的方式是采用计分获得岩体质量等级。

立方网岩体质量分级采用了 DSI 插值算法，首先，按分级方式的不同将工程现场获得的各分级方法相关的参数指标值在立方网空间范围内进行插值，获得各参数指标在立方网空间上的分布结果。然后，根据立方网空间上各指标值的插值结果进行岩体质量分级。

岩体质量分级的影响因素如下：

（1）岩石材料的质量（强度指标）。

（2）岩体的完整性（密集度、切割度、连续性等）。

（3）岩体结构面产状与岩体工程的相对空间位置关系等。

（4）地下水（软化、冲蚀、降低有效正应力等）。

（5）地应力（大小、最大主应力方向）。

（6）其他因素（自稳时间、位移率）。

在这 6 项影响因素中，前 2 项是岩石基本质量，后 4 项是考虑工程岩体特点的其他因素。岩体质量分级执行单指标打分求和的方式，即现场采集每个单指标的数据，然后求和获得岩体质量。RMR 分级法、BQ 分级法、水电围岩 HC 分级法三种方法的岩体质量分级方法都是单指标值打分求和，三种方法累计需要的单指标包括岩石单轴抗压强度 UCS（RMR 分级法用天然样指标、其余用饱和值）、节理面状态、地下水条件、RQD 和节理间距（RMR 分级法）、岩体波速（水电围岩 HC 分级法和 BQ 分级法）。当数据库收集和储存了这些单指标值时，即具备开展岩体质量分级所依赖的基础资料。

1. RMR 分级法

1979 年提出、1989 年修正的 RMR 分级法是工程界接受范围最广的分级法，最开始针对隧道工程设计。它采用若干单指标（完整岩石强度、岩芯质量指标 RQD、节理间距、节理条件、地下水条件）计分求和的方式表征岩体质量，理论取值总分取值范围为 0～100。这些单指标中的部分（如岩石强度、RQD、节理密度）可以直接定量，另外部分为定性描述。但不论哪种形式，RMR 分级法都对单指标进行分级计分，如节理面状态划分为 5 种情形，给出对应的分值。

具体的操作流程如下：

（1）根据各类指标的数值，按表 8-1 的标准评分，求和得总分 RMR 值。

（2）按表 8-2 和表 8-3 的规定对总分作适当的修正。

（3）用修正后的总分对照表 8-4 求得岩体的类别及相应的无支护地下洞室的自稳时间和岩体强度指标（黏聚力 c、内摩擦角 φ 值）。

表 8-1　　　　　　　　　　RMR 分级法岩体地质力学分类表

分类参数		RMR 分值范围						
1	完整岩石强度/MPa	点荷载强度指标	＞10	4～10	2～4	1～2	对强度较低的岩石宜用单轴抗压强度		
		单轴抗压强度	＞250	100～250	50～100	25～50	5～25	1～5	＜1
	评分值		15	12	7	4	2	1	0
2	岩芯质量指标 RQD/%		90～100	75～90	50～75	25～50	＜25		
	评分值		20	17	13	8	3		
3	节理间距/cm		＞200	60～200	20～60	6～20	＜6		
	评分值		20	15	10	8	5		
4	节理条件		节理面很粗糙，节理不连续，节理宽度为零，节理面岩石坚硬	节理面稍粗糙，宽度＜1mm，节理面岩石坚硬	节理面稍粗糙，宽度＜1mm，节理面岩石较弱	节理面光滑或含厚度＜5mm 的软弱夹层，张开度 1～5mm，节理连续	含厚度＞5mm 的软弱夹层，张开度＞5mm，节理连续		
	评分值		30	25	20	10	0		

续表

分类参数		RMR 分 值 范 围				
5	地下水条件	每 10m 长的隧道用水量 / (L/min)	0	<10	10~25	25~125	>125
		节理水压力最大主应力	0	0.1	0.1~0.2	0.2~0.5	>0.5
		一般条件	完全干燥	潮湿	只有湿气（有裂隙水）	中等水压	水的问题严重
		评分值	15	10	7	4	0

表 8-2　　　　节理走向和倾角对隧道开挖的影响

走向与隧道轴垂直				走向与隧道轴平行		与走向无关
沿倾向掘进		反倾向掘进		倾角 20°~45°	倾角 45°~90°	倾角 0°~20°
倾角 45°~90°	倾角 20°~45°	倾角 45°~90°	倾角 20°~45°			
非常有利	有利	一般	不利	一般	非常不利	不利

表 8-3　　　　按节理方向修正评分值

节理走向或倾向		非常有利	有利	一般	不利	非常不利
评分值	隧道	0	-2	-5	-10	-12
	地基	0	-2	-7	-15	-25
	边坡	0	-5	-25	-50	-60

根据修正后的总分确定岩体的类别及相应的无支护地下洞室的自稳时间和岩体强度指标（c、φ 值），见表 8-4。

表 8-4　　　　修正后的 RMR 总分值及性质

评分值	81~100	61~80	41~60	21~40	<20
分级	Ⅰ	Ⅱ	Ⅲ	Ⅳ	Ⅴ
质量描述	非常好的岩体	好岩体	一般岩体	差岩体	非常差的岩体
平均稳定时间	（15m 跨度）20a	（10m 跨度）1a	（5m 跨度）7a	（2.5m 跨度）10h	（1m 跨度）30min
岩体黏聚力 c/kPa	>400	300~400	200~300	100~200	
岩体内摩擦角 φ/(°)	>45	35~45	25~35	15~25	<15

2. BQ 分级法

按 BQ 分级法进行初步分级，针对各类工程岩体的特点，考虑其他影响因素（如天然应力、地下水和结构面方位等）对 BQ 分值进行修正，再按修正后的 BQ 分值进行详细分级。确定岩体基本质量的两个关键指标为岩石的坚硬程度 σ_{cw} 和岩体完整性指数 K_v。

（1）岩石坚硬程度采用岩石单轴饱和抗压强度 σ_{cw}，见表 8-5。

表 8-5   岩石坚硬程度划分表

岩石饱和单轴抗压强度 σ_{cw}/MPa	>60	30～60	15～30	5～15	<5
坚硬程度	坚硬岩	较坚硬岩	较软岩	软岩	极软岩

（2）岩体完整性指数 K_v，见表 8-6。

表 8-6 K_v 与岩体完整性程度定性划分的对应关系

岩体完整性指数 K_v	>0.75	0.55～0.75	0.35～0.55	0.15～0.35	<0.15
完整程度	完整	较完整	较破碎	破碎	极破碎

1）用弹性波测试计算龟裂系数 K_v，有

$$K_v = (V_{pm}/V_{pr})^2$$

2）选择有代表性的露头或开挖面，对不同的工程地质岩组进行节理裂隙统计，节理数 J_v 见表 8-7。

表 8-7 J_v 与 K_v 对照表

J_v/（条/m³）	<3	3～10	10～20	20～35	>35
K_v	>0.75	0.55～0.75	0.35～0.55	0.15～0.35	<0.15

根据岩石的坚硬程度 σ_{cw} 和岩体完整性指数 K_v 计算岩体基本质量指标 BQ，即

$$BQ = 90 + 3\sigma_c + 250K_v$$

式中 σ_{cw}——岩石单轴饱和抗压强度；

       K_v——岩体完整性指数值。

注：①当 $\sigma_{cw} > 90K_v + 30$，应以 $\sigma_{cw} = 90K_v + 30$ 代入公式计算 BQ 分值；②当 $K_v > 0.04\sigma_{cw} + 0.4$，应以 $K_v = 0.04\sigma_c + 0.4$ 代入公式计算 BQ 分值。

BQ 岩体质量分级表见表 8-8。

表 8-8   BQ 岩 体 质 量 分 级 表

基本质量级别	岩体质量的定性特征	BQ
I	坚硬岩，岩体完整	>550
II	坚硬岩，岩体较完整； 较坚硬岩，岩体完整	451～550
III	坚硬岩，岩体较破碎； 较坚硬岩或软、硬岩互层，岩体较完整； 较软岩，岩体较完整	351～450
IV	坚硬岩，岩体破碎； 较坚硬岩，岩体较破碎或破碎； 较软岩或较硬岩互层，且以软岩为主，岩体较完整或较破碎； 软岩，岩体完整或较完整	251～350
V	较软岩，岩体破碎； 软岩，岩体较破碎或破碎； 全部极软岩及全部极破碎岩	<250

结合工程情况，计算岩体基本质量指标修正值 [BQ]，即

$$[BQ] = BQ - 100(K_1 + K_2 + K_3)$$

式中 K_1——地下水影响修正系数，见表 8-9；

       K_2——结构面产状影响修正系数，见表 8-10；

       K_3——地应力影响修正系数，见表 8-11。

表 8-9   地下水影响修正系数 K_1 表

地下水状态	>450	350~450	250~350	<250
潮湿或点滴状出水				
淋雨状或涌流状出水，水压≤0.1MPa 或单位水量 10L/min	0.1	0.2~0.3	0.4~0.6	0.7~0.9
淋雨状或涌流状出水，水压>0.1MPa 或单位水量 10L/min	0.2	0.4~0.6	0.7~0.9	1.0

表 8-10   主要软弱结构面产状影响修正系数 K_2 表

结构面产状及其与峒轴线的组合关系	结构面走向与峒轴线夹角 $\alpha \leqslant 30°$，倾角 $\beta = 30° \sim 75°$	结构面走向与峒轴线夹角 $\alpha > 60°$，倾角 $\beta > 75°$	其他组合
K_2	0.4~0.6	0~0.2	0.2~0.4

表 8-11   天然应力影响修正系数 K_3 表

天然应力状态	>550	450~550	350~450	250~350	<250
极高应力区	1.0	1	1.0~1.5	1.0~1.5	1.0
高应力区	0.5	0.5	0.5	0.5~1.0	0.5~1.0

3. 水电围岩 HC 分级法

水电围岩 HC 分级法主要以控制围岩稳定的岩石强度、岩体完整程度和结构面状态的求和总评分为基本依据，上述三项因素是围岩工程地质分类的基本因素，均为正值；修正因素为地下水和主要结构面产状，围岩强度应力比为限定判据。

考虑结构面状态是 HC 法围岩分类的特色。结构面状态是控制围岩稳定的重要因素之一。结构面状态是指地下洞室某一洞段内比较发育的、强度最弱的结构面状态，包括：张开度、充填物、起伏粗糙和延伸长度等情况。张开度根据结构面张开宽度特征划分为闭合（<0.5mm）、稍张（0.5~5.0mm）、张开（≥5.0mm）三种。充填物简化为无充填、岩屑和泥质三种。起伏粗糙概括为起伏粗糙、起伏光滑或平直粗糙、平直光滑三种情况。延伸长度反应结构面的贯穿性，依据国内目前洞室跨度情况简化为短（<3m）、中等（3~10m）、长（>10m）三级。

水电围岩 HC 分级法中三项基本因素的评分应符合表 8-12~表 8-14 的标准。

表 8-12   岩 石 强 度 的 评 分 表

岩质类型	硬 质 岩		软 质 岩	
	坚硬岩	中硬岩	较软岩	软岩
饱和单轴抗压强度 R_b	$R_b > 60$	$60 \geqslant R_b > 30$	$30 \geqslant R_b > 15$	$15 \geqslant R_b > 5$
岩石强度评分 A	20~30	10~20	5~10	0~5

注 1. 当岩石饱和单轴抗压强度大于 100MPa 时，岩石强度的评价为 30。

     2. 当岩体完整程度与结构面状态评分之和小于 5，岩石强度评分大于 20 时，按 20 评分。

表 8-13   岩体完整程度评分表

岩体完整程度		完整	较完整	完整性差	较破碎	破碎
岩体完整性系数 K_v		$K_v > 0.75$	$0.75 \geqslant K_v > 0.55$	$0.55 \geqslant K_v > 0.25$	$0.35 \geqslant K_v \geqslant 0.15$	$K_v < 0.15$
岩体完整性评分 B	硬质岩	30～40	22～30	14～22	6～14	<6
	软质岩	19～25	14～19	9～14	4～9	<4

注 1. 当 $60\text{MPa} \geqslant R_b > 30\text{MPa}$，岩体完整性程度与结构面状态评分之和大于 65 时，按 65 评分。

2. 当 $30\text{MPa} \geqslant R_b > 15\text{MPa}$，岩体完整性程度与结构面状态评分之和大于 55 时，按 55 评分。

3. 当 $15\text{MPa} \geqslant R_b > 5\text{MPa}$，岩体完整性程度与结构面状态评分之和大于 40 时，按 40 评分。

4. 当 $R_b \leqslant 5\text{MPa}$，属特软岩，岩体完整性程度与结构面状态不参加评分。

表 8-14   结构面状态评分表

结构面状态	张开度 W/mm	闭合，W<0.5			微张，0.5≤W<5.0									张开，W≥5.0	
	充填物	—			无充填			岩屑			泥质			岩屑	泥质
		起伏粗糙	起伏粗糙	平直光滑	起伏粗糙	起伏光滑或平直粗糙	平直光滑	起伏粗糙	起伏光滑或平直粗糙	平直光滑	起伏粗糙	起伏光滑或平直粗糙	平直光滑	—	—
结构面状态评分 C	硬质岩	27	21	44	21	15	21	17	12	15	12	9	12	6
	较软岩	27	21	24	21	15	21	17	12	15	12	9	12	6
	软岩	18	14	17	14	8	14	11	8	10	8	6	8	4

注 1. 结构面的延伸长度小于 3m 时，硬质岩、较软岩的结构面状态评分另加 3 分，软岩加 2 分；结构面延伸长度大于 10m 时，硬质岩、较软岩减 3 分，软岩减 2 分。

2. 当结构面张开度大于 10mm，无充填时，结构面状态的评分为零。

修正因素为地下水和主要结构面产状两项因素，均为负值。地下水分为干燥、渗水或滴水、线流和涌水四种情况，Ⅲ、Ⅳ类围岩水量很大、水压很高时，对围岩稳定影响较大，故负评分较低，对围岩稳定影响最大时为负 20 分，即围岩类别降低 1 类。主要结构面产状与地下工程轴线夹角组合不同，对围岩稳定性的影响显著不同，修正评分符合表 8-15 和表 8-16 的要求。

表 8-15   地下水评分修正表

活动状态		干燥、渗水或滴水	线流	涌水
水量 q/[L/(min·10m 洞长)] 或压力水头 H_m		$q \leqslant 25$ 或 $H \leqslant 10$	$25 < q \leqslant 125$ 或 $10 < H \leqslant 100$	$q > 125$ 或 $H > 100$
基本因素评分 T	$T > 85$	地下水评分 D	0	-2～0	-6～-2
	$85 \geqslant T > 65$		0～2	-6～-2	-10～-6
	$65 \geqslant T > 45$		-6～-2	-10～-6	-14～-10
	$45 \geqslant T > 25$		-10～-6	-14～-10	-18～-14
	$T \leqslant 25$		-14～-10	-18～-14	-20～-18

注 基本因素评分 T 系前述岩石强度评分 A、岩石完整性评分 B 和结构面状态评分 C 的和。

表 8 – 16 主要结构面产状的评分修正表

结构面走向与洞轴线夹角		$60°\sim90°$				$30°\sim60°$				$<30°$			
结构面倾角		$>70°$	$45°\sim70°$	$20°\sim45°$	$<20°$	$>70°$	$45°\sim70°$	$20°\sim45°$	$<20°$	$>70°$	$45°\sim70°$	$20°\sim45°$	$<20°$
结构面产状评分 E	洞顶	0	−2	−5	−10	−2	−5	−10	−12	−5	−10	−12	−12
	边墙	−2	−5	−2	0	−5	−10	−2	0	−10	−12	−5	0

注 按岩体完整程度分级为完整性差、较破碎和破碎的围岩不进行主要结构面产状评分的修正。

围岩强度应力比 S 值是反应围岩应力大小与围岩强度相对关系的定量指标。提出围岩强度应力比这一分类判据，目的是控制各类围岩的变形破坏特性。Ⅱ类以上围岩不允许出现塑性挤出变形，Ⅲ类围岩允许局部出现塑性变形。因此，Ⅰ、Ⅱ类围岩要求 $S>4$，Ⅲ类围岩要求 $S>2$，Ⅳ类围岩要求 $S>1$，否则围岩类别要降低。

围岩强度应力比可根据下式求得

$$S = \frac{R_b \times K_v}{\sigma_m}$$

式中 R_b——岩石饱和单轴抗压强度，MPa；

K_v——岩体完整性系数；

σ_m——围岩的最大主应力，MPa。

根据上述各因素评分的和差得出围岩总评分值，并以围岩强度应力比为限定判据，围岩工程地质分类应符合表 8 – 17 的规定。

表 8 – 17 围岩工程地质分类表

围岩类别	围岩稳定性	围岩总评分 T	围岩强度应力比 S	支护类型
Ⅰ	稳定。 围岩可长期稳定，一般无不稳定岩体	$T>85$	>4	不支护或局部锚杆或喷薄层混凝土。大跨度时，喷混凝土、系统锚杆加钢筋网
Ⅱ	基本稳定。 围岩整体稳定，不会产生塑性变形，局部可能掉块	$85\geq T>65$	>4	
Ⅲ	稳定性差。 围岩强度不足，局部会产生塑性变形，不支护可能产生塌方或变形破坏。完整的较软岩可能暂时稳定	$65\geq T>45$	>2	喷混凝土、系统锚杆加钢筋网。跨度为 $20\sim25m$ 时，并浇筑混凝土衬砌
Ⅳ	不稳定。 围岩自稳时间很短，规模较大的各种变形和破坏都可能发生	$45\geq T>25$	>2	喷混凝土、系统锚杆加钢筋网，并浇筑混凝土衬砌
Ⅴ	极不稳定。 围岩不能自稳，变形破坏严重	$T\leq25$	不限	

注 Ⅱ、Ⅲ、Ⅳ类围岩，当其强度应力比小于本表规定时，围岩类别宜相应降低一级。

8.4.3　三维岩体质量分级应用操作流程

图 8-30 展示了岩体质量分级应用流程。

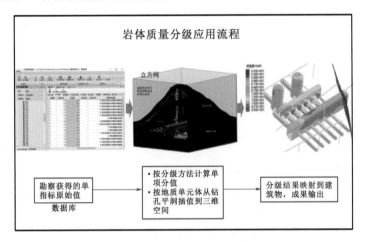

图 8-30　岩体质量分级应用流程

　　分级之前先进行必要的数据准备工作，分级方法所需的单指标数据来源可以多样化，比如前期已经形成的单指标空间成果数据（点云＋属性格式，点击【文件】→【导入】→【点集】，导入至三维可视化平台），也可以是人工赋值给定的单指标空间分布，或者以数据库管理的勘察数据、经换算后获得单指标结果。分级时兼顾了这些单指标数据来源方式（自点集、自勘探、自赋值）。应用时优先推荐采用数据库录入、管理分级单指标数据，图8-31详细列出了各分级方法所需的单指标以及数据库录入方法。

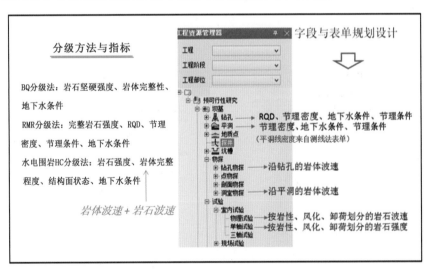

图 8-31　各分级方法所需单指标及数据库录入方法

　　（1）各分级方法所需的单指标数据及数据库录入方法如下：

　　RQD 储存在钻孔（岩心编录表）内，供 RMR 分级使用（当采用测线法编录平洞时，也可以获得平洞 RQD 值）。

　　岩体波速、节理面状态、地下水状态、节理间距（线密度）四个指标同时存储于钻孔和平洞内，其中钻孔节理面状态、线密度、地下水状态记录在"钻孔编录表"中，"节理编录表"也可以记录节理面状态；平洞内节理线密度为测线法原始记录换算结果，平洞内节理面状态和地下水状态记录在【节理编录】【测线法编录】表单；岩体波速记录在相应的钻孔物探和洞室物探中（图 8 - 32）。

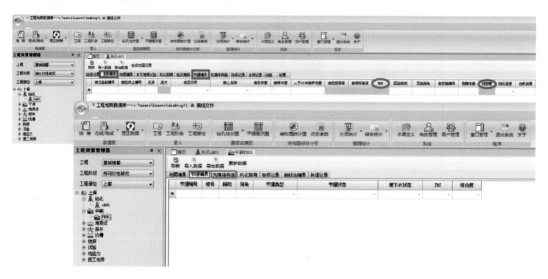

图 8 - 32　各单指标数据在钻孔、平洞中录入及存储图

　　岩石强度（天然样和饱和样）记录在试验成果表单。由于试验取样点往往很少，分级时一般使用试验统计结果。

　　在分级之前，将目标部位内分级所需的单指标数据导入至三维可视化平台。当采用数据库录入单指标数据时，如图 8 - 33 所示，在数据库工程部位右键【导出至 CnGIM】，在弹出

图 8 - 33　数据库导出分级单指标数据

的对话框中，勾选需要导出的钻孔、平洞，在对话框右侧数据下拉选项内，勾选分级方法所需的单指标值，并指定钻孔节理状态取值于"岩心编录"还是"节理编录"、平洞节理状态及地下水状态取值于"节理编录"还是"测线法"。数据输出可以选择两种方式：【输出为数据】，输出后在三维可视化平台内，各单指标数据挂在相应的勘探对象上进行管理；【输出为点集】，输出后在三维可视化平台内，各指标数据以点集对象进行管理。

对于非数据库管理的单指标数据，可以通过点击【文件】→【导入】→【点集】的方式导入至三维可视化平台，或者以物探数据方式录入数据库，再导出至三维平台。

（2）具备上述资料后，岩体质量分级实现过程非常简捷直观，具体如下：

在图形界面中定义岩体质量分级范围，如图 8-34 所示，采用【裁剪盒】命令辅助设置拟开展岩体质量分级的空间范围，并据此范围创建【立方网】，建议立方网网格尺寸大小与指标数据空间间隔相接近；视地质边界面（通常为风化卸荷面、特性差别明显的岩性或地层分界面）分区，代表不同的地质单元体（划分单元体后，需要注意每个单元体内是否都包含完整的原始数据）。如图 8-34 所示，厂房区穿过地层 T2_1（砂岩）、T1（厚层大理岩），考虑岩性差异对分级的影响，分级之前，使用地形、T2_1、T1 对分级范围进行地质单元划分，分级工作在图 8-34（b）所示的 T1 和 T2_1 两个地质分区内进行。

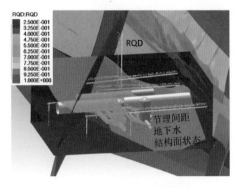 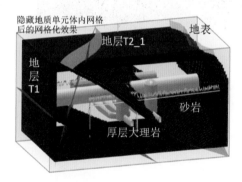

（a）岩体质量分级范围　　　　　　　　　（b）地质单元划分

图 8-34　定义岩体质量分级范围及地质单元划分

点击【立方网】→【数据】→【专业应用】→【岩体分级】操作窗口，选择立方网及相应的分级方法，勾选【导入或生成参数】，导入相应的分级单指标值，如图 8-35 所示，当选定分级方式后，【导入或生成参数】会自动列出所需的单指标类型，在【参数】下拉项内依次选择各分级指标，在【来源】下拉项中，根据数据准备情况，选择【自点集】【自勘探】【自人工】方式之一，比如 RQD、节理状态、地下水状态、节理线密度这几个指标，从数据库以数据或者点集方式导出到三维平台，此时，这些参数来源可以选择"自点集"，也可以选择"自勘探"传递给立方网，而岩石强度指标往往取样试验较少，一般采用试验统计结果，用"自人工"方式赋予立方网，如图 8-36 所示。不论是哪种岩体分级方式，建议岩石单轴抗压强度都采用人工赋值。其中的"数值单元百分比"指在所选区域范围内被赋值的网格比例，建议该比例不超过 50%。所赋的数据在插值过程中将作为约束使用，过高的比例意味着太多的网格单元系人工赋给的"固定值"，当赋值区间大、小值差别较大时，可能会使相邻网格岩石强度差别过大而急剧变化，不符合地质单元体内地质条件变化的一般规律（断层可以导致急剧变化，但断层的影响可以单独处理）。

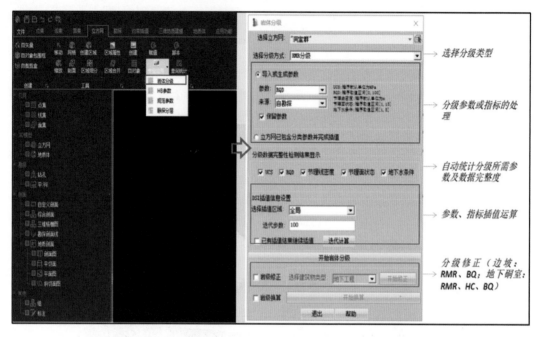

图 8-35　岩体质量分级操作窗口

（a）自点集赋值

（b）自勘探赋值

（c）自人工赋值

图 8-36　分级单指标来源方式

　　当用于分级的所有单指标都已完成导入或赋值工作后，【分级数据完整性检测结果显示】栏下，会在相应的单指标名称前自动"打钩"，表示立方网已经获得了该指标"种子数据"。

　　分级指标插值。将前述步骤定义的分级各单指标"种子数据"往分级范围内进行插值，可以对立方网全局或指定区域单独进行插值，设置一定的迭代步，完成插值运算后，可以继续勾选【已有插值结果继续插值】，每一次插值运算结束后，在立方网对象树的【数据】项下，可勾选查看各单指标值在空间的云图分布，前后两次迭代后各单指标云图变化不明显时，认为插值收敛，此时可停止插值计算。

岩体质量分级。完成插值计算后，点击【开始岩体分级】，程序自动将分级范围内的所有立方网网格单元内的分级单指标进行加和，完成岩体质量分级。

岩级修正。根据工程类型及岩级修正规范，可进一步开展岩体质量分级的修正工作。

其他后续工作：视具体工作需要而定，这里介绍两种操作方式：①体现断层对分级的影响，具体是将断层面人为赋估计的岩体质量值（如 RMR 取值为 15～25 时，相当于Ⅳ～Ⅴ级围岩），然后通过点击【立方网】→【数据】→【自面集】命令，"传递"到断层通过的立方网网格内；②在建筑物轮廓面展示分级结果和参数值，即通过点击【面】→【数据】→【自立方网】命令，把立方网的相关参数值"赋给"建筑物轮廓（面对象）。岩体质量分级流程如图 8 - 37 所示。

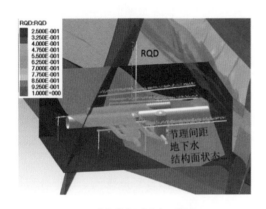

（a）分级指标采集与可视化

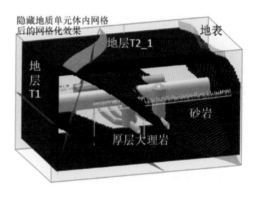

（b）依据勘探成果创建分级指标属性模型

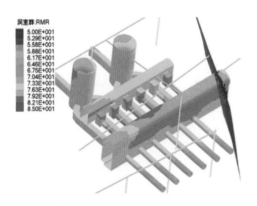

（c）岩体质量分级结果可视化
（厂房围岩内的分布状态）

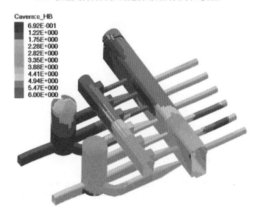

（d）岩体参数取值分布

图 8 - 37　岩体质量分级流程

8.4.4　岩体力学参数取值和应用

1. 问题与解决途径

在获得岩体质量分级结果后，不论是按照水电规范建议的参数取值，还是采用 Hoek 方法取值，其原理和方法都在前文做出介绍，这里不重复叙述，程序在实现过程中存在以下主要问题和解决途径：

（1）问题一，针对的对象和表达方式。以隧洞为例，参数取值结果针对指定断面还是针对整个隧洞轴线，前者相当于埋深、岩性等条件相对固定，适合于针对特定部位具体条件的取值和分析；后者则需要考虑沿轴线方向各种条件的变化性，可以更好地给出宏观分布和变化特征。

（2）问题二，不同方法和标准的取值结果与对比。西部和海外工程开发过程中存在的现实问题为：基于中东部经验的取值结果不能很好适应西部工程复杂条件，而海外工程实践中还存在技术标准和作业流程能否被接受的问题。

对于问题一可通过两种途径解决：一是针对给定断面位置的参数取值（含 Hoek 方法、水电取值方法和成果对比），二是基于对象数据属性的处理方式。

问题二带有普遍性，也是系统开发需要关注的重点，在上述两种取值结果表达方式中都需要考虑和解决这一现实问题，其解决途径如下：①提供 RMR 分级法、水电围岩 HC 分级法、BQ 分级法、Q 方法四种体系的经验换算功能，针对只采用其中一种分级方法（如水电）的工程，当希望采用 Hoek 方法进行对比或在海外工程建设中给出 Hoek 取值结果时，可以依据水电分级成果获得 Hoek 方法的参数值，与 Q 分级法的换算面向支护设计的需要；②不论是针对哪种对象和采用何种表达方式，系统都提供 Hoek 方法和水电围岩 HC 分级法，随时都可以进行对比，并能从异同尤其是明显的异同引发一些思考和采取措施。

系统中四种体系之间的换算关系分两个渠道：水电围岩 HC 分级法、BQ 分级法、RMR 分级法三者之间能够彼此分区间线性插值换算，从而可以将水电围岩 HC 分值、BQ 分值换算成 RMR 分值，用于 Hoek 方法的参数取值；通过 RMR 分值可换算成 Q 分值，该换算相对成熟，接受程度比较高，水电围岩 HC 分值、BQ 分值换算成 Q 分值时，通过 RMR 分值中转。

图 8-38 表示了不同分级结果在系统中的实现方式，除包含了上述两种渠道以外，考虑到现实需要，还提供了一定程度的用户修改功能。当某工程通过一些钻孔、平洞，同时采用多种分级方式建立针对具体条件的换算关系以后，该界面提供体现具体工程换算式的实现渠道。对图 8-38 所示换算关系有以下说明：

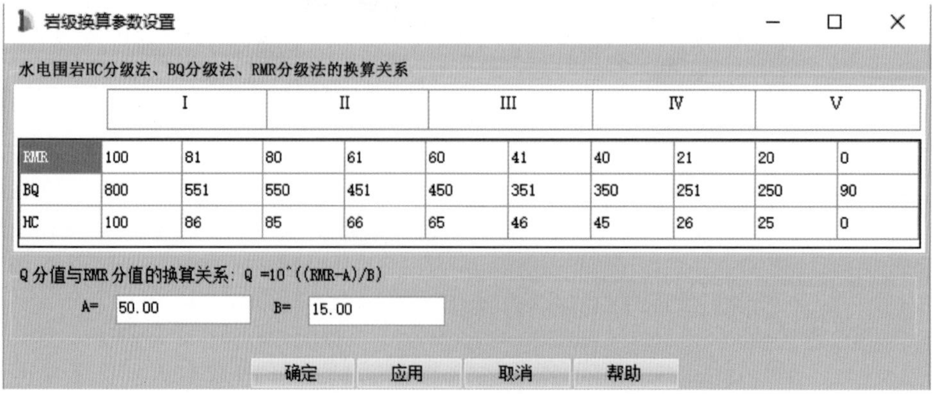

岩级换算参数设置

水电围岩HC分级法、BQ分级法、RMR分级法的换算关系

	I		II		III		IV		V	
RMR	100	81	80	61	60	41	40	21	20	0
BQ	800	551	550	451	450	351	350	251	250	90
HC	100	86	85	66	65	46	45	26	25	0

Q 分值与 RMR 分值的换算关系： $Q = 10^{((RMR-A)/B)}$

A= 50.00　　B= 15.00

确定　　应用　　取消　　帮助

图 8-38　系统中不同分级结果换算关系与自定义修改界面

（1）RMR 分值、水电围岩 HC 分值、BQ 分值三种分级值的换算采用区间线性插值，图 8-38 给定了彼此之间区间界限的对应关系，修改其中的数值即实现换算关系的修改。注意图 8-38 中对各种分级的最大、最小值进行了假设处理，如 RMR 和水电最小值为 0，而一些研究人员可能认为是 5，系统提供用户自定义的实现途径。

（2）当假设 Q 分值和 RMR 分值之间满足指数关系时，允许应用过程调整 A 和 B 两个统计系数，即基本规律不变（指数关系），具体参数可以调整。

2. 指定部位的实现途径

参数取值服务于工程分析评价，而分析方法和技术路线与所研究对象的复杂程度和工程重要性密切相关，对于常规性问题，仍然可以采用传统的分析路线，即概化地质条件进行材料分区，给每个区赋一组力学参数进行分析评价。

图 8-39 表示了针对指定部位的岩体力学参数取值功能界面，这一方式针对洞室尤其是隧洞代表性断面围岩稳定和支护设计，即取值结果可以直接用于该断面的稳定分析和支护设计。也就是说，参数取值并非完全脱离分析设计而独立存在，是整个勘察设计流程中的一个环节。

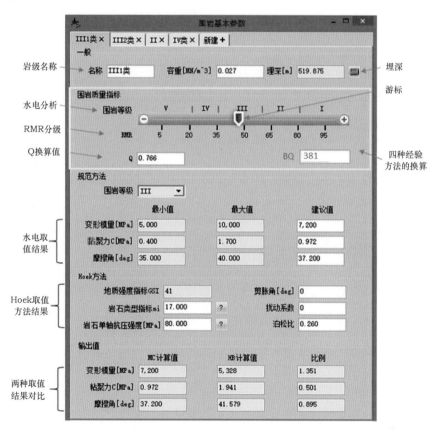

图 8-39　针对指定部位的岩体力学参数取值功能界面

图 8-39 所示界面中包含的 Hoek 取值方法可以用于边坡等其他工程，差别在于埋深取值的变化。对于边坡而言，此时的埋深相当于潜在剪切破坏面位置。

图 8-39 所示的参数取值包含以下主要功能：

（1）水电围岩 HC 分值、RMR 分值、Q 分值、BQ 分值之间的经验换算。

（2）基于水电和 Hoek 取值方法的经验取值。

（3）两种取值结果的对比。

3. 基于立方网的实现途径

不同分级结果的经验换算功能采用游标的方式实现，目前给出了水电围岩 HC 分值和 RMR 分值的换算关系，为方便应用 Q 系统进行地下工程围岩支护设计，程序中也列出了 Q 换算结果。

岩体力学参数取值的操作也非常简捷，以 Hoek 方法为例，在立方网对象的数据主菜单下点击【Hoek 参数】命令，即可弹出图 8-40 所示的对话框。对话框要求指定地表面，目的是计算立方网各单元的埋深，以自重作为围压。对话框中给出了区域（地质单元体）列表，当区域名称和区域底板地层名称相同时，可以通过点集对话框右侧的【连接数据库】获取对应的岩性信息和 mi 值。当立方网中保存有 UCS 插值结果时，列表中的 UCS 会自动计算，否则需要人工赋值。

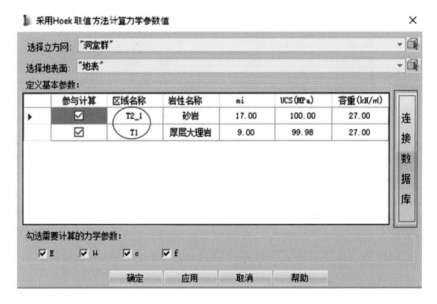

图 8-40　基于岩体分级结果的岩体力学参数取值

在立方网上完成岩体力学参数取值以后，也可以将参数值映射到洞室群轮廓面上，直观展示开挖边界的力学参数值及其变化特征。

图 8-41（b）和图 8-41（c）分别表示了洞室轮廓面上 c 和 φ 的分布，通过将立方网中的 Hoek 方法参数取值结果映射到面对象后的结果。为便于理解，图 8-41 左上和右上表示了洞室群不同部位埋深变化，厂房外端墙顶部埋深为 180m 左右，而内端墙底部埋深达到 500m，埋深变化意味着不同部位围压差别较大，会影响到岩体力学参数取值结果。受到岩性和埋深影响，靠近岸坡外侧砂岩的 φ 值相对较高，但 c 值相对偏低。特别地，c 值总体上明显高于水电经验值（最高不超过 2.5MPa），体现了 Hoek 取值结果的合

理性。能体现围压影响的 Hoek 取值方法已经被我国一些复杂水电工程所接受和应用，比如，锦屏二级工程在发布设计阶段引用了 Hoek 方法，取值结果被用于工程实践，并列入工程验收成果。

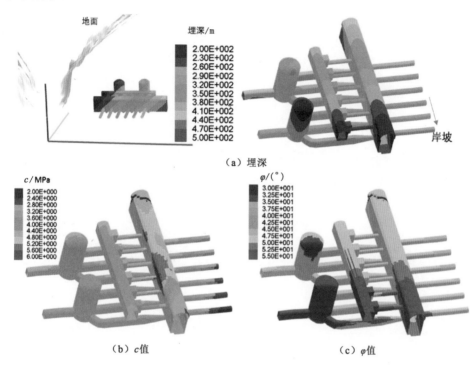

（a）埋深

（b）c 值　　　　　　　　　　（c）φ 值

图 8-41　基于岩体质量 RMR 分级结果的岩体力学参数取值

第 9 章

基于三维地质模型的
岩土设计

9.1　平台概述

在水利水电行业推行三维协同设计、地质和结构专业都具备专业成果的三维交付以后，如何通过合理的开挖（形成边坡、洞室和坝基）实现地质模型和结构模型的衔接，成为行业内多年来的共同需求。其中的痛点在于：①边坡、洞室都可能出现规则或不规则轮廓形态，而地质和结构专业三维软件均为"单引擎"，分别针对不规则和规则对象设计，因此只能满足其中部分要求；②岩土工程设计过程的稳定计算，涉及参数指标的传递、计算过程的实现等，迄今为止还没有成果报道，也没有相关经验可以借鉴。

1. 平台需求

任何一款应用型软件的开发目标都是服务生产，要求满足行业标准、最大程度适应行业工作习惯，即强调实用性。因此，岩土工程分析设计一体化平台的需求包括底层技术和应用功能两个方面。

（1）底层技术：兼容地质与结构为代表的不规则、规则两种类型对象的底层技术，其中规则和不规则以能否采用数学函数表达空间轮廓形态为标准。因此"底层"的起算点为建模数学理论，其次是基于不同理论的算法和技术。

（2）应用功能：软件操作功能命令，包含项目编辑、数据导入/导出、模型编辑与剖切、工程分析、工程设计、成果输出等。

1）边坡、洞室分析功能。边坡工程分析包含边坡稳定性分析；洞室工程分析包含洞室压力计算、围岩块体分析和围岩应力应变分析。

2）边坡、洞室设计功能。设计功能主要包括轮廓设计、支护结构设计、防排水设计和工序设计。其中，轮廓设计主要是在三维环境下，实现参数化的开挖放坡设计、三维形态设计等；支护结构设计包含常用的支护构件库、支护结构的参数化设计、支护结构的分析验算等；防排水设计包括地表截排水设计、坡面排水孔设计、防渗设计等；工序设计包括开挖放坡、支护结构、防排水等施工工序的设计。

3）平台数据接口。平台数据接口开发包含与 CnGIM、CnGIM ＿ de、Catia 等相关建模软件的模型接口，以及与 UDEC 等分析计算软件的数据接口。

4）标准成果文件的生成与输出。指计算书、计算成果、设计图件等输出文件的标准模板格式，输出成果格式包含常用的 .doc、.txt、.dxf 等。

2. 技术要求

软件需要满足的技术要求包括以下方面：

（1）兼容地质与结构两种类型的数据底层。数据底层兼容地质体、支护构件及部分上部结构的空间位置数据和几何特征数据（即 GIM＋BIM 的图形接口）；兼容地质体与支护构件材料的物理、力学特性数据等，即实现 GIM＋BIM 的属性接口。

（2）分析设计一体化操作界面。软件操作界面包含项目编辑、数据导入/导出、模型编辑与剖切、工程分析、工程设计、成果输出等功能。

（3）边坡和洞室的分析功能。包括边坡模块的岩体结构分析、BiShop 法、剩余推力法和 Sarma 法，洞室模块的 Hoek 方法、软岩大变形 CCM 法、岩爆问题的改进安省经验法以及通用二维非连续数值模拟方法，要求体现经验方法（边坡岩体结构分析、洞室 Hoek 方法）对解析方法和数值方法的指导性作用，体现地质模型转化为计算模型时的合理概化，具备后期开发外接三维计算分析的接口的能力，具体包括与关键块体识别、边坡和洞室关键块体稳定分析、通用型岩土三维数值计算软件 FLAC3D 和 3DEC 的接口。

（4）边坡和洞室设计功能。设计功能主要包括 3 种工程类型的边坡开挖轮廓设计、支护结构设计、防排水设计。其中，轮廓设计主要是在三维环境下实现参数化的开挖放坡设计、三维形态设计等；支护结构设计包含常用的支护构件库、支护结构的参数化设计、支护结构的分析验算等；防排水设计包括地表截排水设计、坡面排水孔设计、防渗设计等。

（5）软件数据接口。平台数据接口开发包含与 CnGIM、CnGIM_de、Catia 等相关建模软件的模型接口，具备内置二维力学计算（边坡稳定性 BiShop 法、剩余推力法和 Sarma 法、隧洞变形 CCM 法、通用二维非连续数值模拟方法）。

（6）标准成果文件的生成与输出接口。指计算书、计算成果、设计图件等输出文件的标准模板格式，输出成果格式包含常用的 .doc、.txt、.dxf 等。

3. 系统模块

岩土工程分析设计一体化平台包括下列系统模块：

（1）基本模块。内容最丰富的模块，由核心层、SDK 和公用性应用功能组成，其中的核心层包括起到三维可视化渲染作用的图形、同时采用函数和离散数学的几何算法；SDK 起到核心底层和应用层的衔接作用，由大量的函数组成，供应用功能开发时调用；公用性应用功能包括项目和文件操作（打开、保存等）、图形显示操作（放大、缩小、平移、旋转等）、查询（名称、类型等）、计算（长度、面积、体积等）。

（2）边坡模块。应用层功能模块，在三维地质模型基础上完成边坡三维轮廓设计、边坡稳定分析（二维）和成果输出。边坡模块的重点内容为：利用三维地质模型包含的信息，帮助合理选择力学分析方法和设计分析流程，提高成果可靠性，从而优化轮廓形态，实现"安全可靠基础上的经济合理"。技术关键之一在于边坡稳定分析结果的可靠性，内在原因是边坡潜在失稳破坏模式和控制因素的多样性和不确定性，对分析方法的针对性和应用能力提出更高要求。针对边坡加固设计，需实现的技术关键之二在于依据设计人员的基本设计习惯，嵌入规范中规定的设计流程与方法，采用人机动态交互方法逐步完成加固设计。同时，加固设计能同时满足稳定性分析方法的校核检验，以提高设计的可靠性。

（3）洞室模块。应用层功能模块。相比较边坡而言，洞室围岩潜在问题类型与地质条件的关系更紧密，从而可以更好地利用三维地质模型包含的信息进行洞室潜在问题和程度的判断，以此为依据进行支护设计、支护校核，从内在技术路线和过程上体现"岩土分析设计一体化"的目标。

9.2 基本模块

9.2.1 功能架构

表 9 - 1 介绍了基本模块功能架构。基本模块包括 6 部分的内容：其中第 1 部分是地质平台的延伸；第 2 部分在地质平台的基础上增加了结构参数化设计的图形引擎；第 3 部分属于世界性难题和热点问题；第 4 部分是将确定性图形底层技术转化为可进行参数化设计的支护"模板"；第 5 部分体现了三维 CAD 和 CAE 的接口；第 6 部分是产品化的基本需求。

表 9 - 1 基 本 模 块 功 能 架 构

编号	功　能	任务与要求	备　注
1	导入		
1.1	地质模型导入接口	导入 ItasCAD、CnGM 等地质模型	非参数化模型接口
1.2	结构模型导入接口	ifc 通用格式或一种 Catia 专用格式	参数化模型接口
1.3	其他通用型数据导入接口	dxf/dwg、excel、dat 格式	一般数据文件接口
1.4	打开项目	向下兼容	软件版本升级的兼容性
1.5	保存、另存项目	包括模型和属性	
1.6	导入对象	包括模型和属性	
2	图形底层		
2.1	点的精确捕捉	准确利用已知点的确定性操作	
2.2	常见确定性线条的生成	生成和编辑开挖轮廓线	圆、弧、样条
2.3	线条的常用编辑	轮廓线的一般性编辑	打断、交切、延长等
2.4	线条的常用约束编辑	轮廓线的复杂编辑	平移、正交、等长等
2.5	常见参数化面对象	球面、长方体面……	
2.6	典型地质界面与坡面交切	参数化坡面网格的非参数化转换	
		非参数化面网格交切计算与实现	
3	三维数值分析		
3.1	地质面模型的封闭	简化生成全封闭包络体模型	
3.2	结构化计算网格剖分与编号	针对三维连续力学方法	
3.3	块体切割	针对三维非连续计算	
4	岩土工程结构图元	实现加固件的参数化设计和编辑	可参数化生成和编辑
4.1	锚杆、锚索等	锚固段、自由段、直径、材质等	
5	成果生成与输出		
5.1	计算书模板	不同模板的计算书模板设计	
5.2	计算成果报告生成	不同模板的计算报告	
5.3	三维效果模型生成	用于展示或插入报告的三维效果图	
6	其他		
6.1	文档	说明书等	
6.2	美工	界面美工、图标等	

9.2.2　研究成果

将边坡和洞室轮廓设计、加固设计的共同功能需求进行抽象归类，对差异部分设置属性区分，从而全部纳入基本模块。基本模块开发的主要成果如下：

（1）加固件。加固件均通过数据库保存，加固件包括边坡和洞室设计中的通用加固类型，如锚索、锚杆以及各种专用类型，后者根据属性区分用途，便于在边坡和洞室加固设计时选择。加固件是加固设计的最小单元，加固设计包括加固方案和布置方案，在图形操作界面中实现。表9-2为加固件的材料库表单设计，表9-3为加固件表单设计。

（2）线编辑。该功能主要用于创建和编辑边坡起挖线和洞室轴线。创建的起挖线记入边坡经线节点信息表和线段信息记录表，此时的节点全部为控制点，线段全部为直线；创建的轴线则记入轴线节点信息表和轴线线段信息表。图9-1为线编辑器。

（3）断面编辑。目前可生成圆形、矩形、城门洞形和组合形态4种类型的断面形态。创建的断面类型、设计参数、所属洞室、节点编号和顺序、节点坐标等均记录在数据库中。图9-2～图9-4为断面编辑页面。

图 9-1　线编辑器

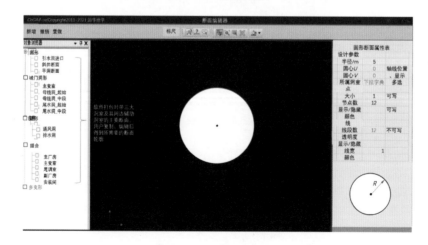

图 9-2　断面编辑器

表 9－2　　**加固件的材料库表单设计**

钢绞线/StrandWire

字段名称	英文名	字段类型	单位	默认小数点位数	空/非空	字典值	说　明	案例
代号	StrandCode	VARCHAR (32)			notnull		默认 SW＋丝数＋D 钢绞线直径	SW 3D6.1
规格	StandType	VARCHAR (32)			notnull	规格字典值	影响工程量和工程造价计算	
丝数	NumWire	integer						
钢丝直径	WireDiam	Real	mm	2		钢丝直径字典表		
钢绞线直径	StrandDiam	Real	mm	2		字典表		
钢丝类型	WireType	VARCHAR (32)				字典表		
弹模	ElaModulus	Real	GPa	0				
泊松比	PoissonRatio	Real		2				
屈服强度	YeildStreng	Real	MPa	0			SS＋丝数＋D 直径＋等级	
延伸率	DuctRatio	Real	%	2				
松弛率	RelaxRatio	Real	%	2				
说明	Remark	VARCHAR (1024)						

混凝土/Concrete

字段名称	英文名	字段类型	单位	默认小数点位数	空/非空	字典值	说　明	案例
代号	ConCode	VARCHAR (32)			notnull		默认等同于标号	
标号	ConClass	VARCHAR (32)			notnull	C15～C80	5 为间隔，从 C15～C80	
弹性模量	ElaModulus	Real	GPa	0				

续表

字段名称	英文名	字段类型	单位	默认小数点位数	空/非空	字典值	说　明	案例
抗力强度	TensStreng	Real	MPa	0				
抗压强度	CompStreng	Real	MPa	0				
泊松比	PoissonRatio	Real		2				
说明	Remark	VARCHAR (1024)						

工字钢/I_Beam

字段名称	英文名	字段类型	单位	默认小数点位数	空/非空	字典值	说　明	案例
代号	BeamCode	VARCHAR (32)			notnull		默认 B+型号	
型号	Size	VARCHAR (32)			notnull	字典值	选择后,高、宽、……字段给默认值	12
类型	Type	VARCHAR (32)		0		普通、轻轻		
高	Height	Real	mm	2			与型号关联	120.00
腿宽	Wilth	Real	mm	2			与型号关联	74.00
厚	Thickness	Real	mm	2			与型号关联	5.00
截面积	Area	Real	cm^2	2			与型号关联	17.80
惯性矩	Moment	Real	mm^4	2			与型号关联	436.00
重量	Weight	Real	kg/m	2			与型号关联	14.00
弹性模量	ElaModulus	Real	GPa	0				
屈服强度	YieldStreng	Real	MPa	0				
说明	Remark	VARCHAR (1024)						

续表

锚垫板/Plate

字段名称	英文名	字段类型	单位	默认小数点位数	空/非空	字典值	说　　明	案例
代号	PlateCode	VARCHAR (32)			notnull		默认为 P+边长	
边长	Length	Real	mm	2				
厚度	Thickness	Real	mm	2				
孔径	HoleDiam	Real	mm	2				
钢材等级	Class	VARCHAR (32)				钢材等级字典值		
说明	Remark	VARCHAR (1024)						

锚墩/CableBlock

字段名称	英文名	字段类型	单位	默认小数点位数	空/非空	字典值	说　　明	案例
代号	BlockCode	VARCHAR (32)			notnull		默认为 P+边长	
底边长	B_Size	Real	mm	2				
顶边长	T_Size	Real	mm	2				
高	Height	Real	mm	2				
类型	Type					混凝土、钢锚墩		
等级/标号	Class					视"类型"的字段值选对应的字典表	混凝土墩时选混凝土标号，钢锚时选钢材等级字典值	
说明	Remark	VARCHIAR (1024)						

拱架垫块/StlSetBlock

字段名称	英文名	字段类型	单位	默认小数点位数	空/非空	字典值	说　　明	案例
代号	BlockCode	VARCHAR (32)			notnull		默认为 P+边长	

加固件表单设计

表 9－3

锚杆/Bolt

字段名称	英文名	字段类型	单位	默认小数点位数	空/非空	字典值	说 明	案例
锚杆代号	BoltCode				notnull		默认 B＿L 长度 D 钢筋直径 T 预张拉力	B＿L6D25T10
钢筋代号	BarCode	VARCHAR（32）			notnull	钢筋表钢筋代号字段值		
锚垫板代号	PlateCode	VARCHAR（32）				垫板表垫板代号字段值		
杆长	L＿Total	Real	m	1	notnull			
外露段长	L＿Extern	Renl	m	1				
黏结剂	Grout	VARCHAR（32）				砂浆、环氧、药卷、无		
预张拉力	PreTension	Real	t	0				
颜色	Cobr							
线宽	LineW							
说明	Remark							

锚索/Cable

字段名称	英文名	字段类型	单位	默认小数点位数	空/非空	字典值	说 明	案例
锚索代号	CableCode	VARCHAR（32）			notnull		默认 C＿L 长度 T 预张拉力	C＿130T200
钢绞线代号	StrandCode	VARCHAR（32）			notnull	钢筋线代号字段值		
锚墩代号	BlockCode	VARCHAR（32）				锚墩代号字段值		
股数	NumCable	Integer						
长度	L＿Total	Real	m	1	notnull			
内锚段长	L＿Intern	Real	m	1				
黏结剂	Grout	VARCHAR（32）				砂浆、无		

续表

字段名称	英文名	字段类型	单位	默认小数点位数	空/非空	字典值	说　明	案例
预张拉力	PreTension	Real	t	0				
颜色	Color							
线宽	LineW							
说明	Remark	VARCHAR (1024)						

锚筋桩/MuiltBolt

字段名称	英文名	字段类型	单位	默认小数点位数	空/非空	字典值	说　明	案例
锚杆代号	MuiltBCode				notnull		默认 B_ L 长度 D 钢筋直径 T 预张拉力	B_L6D25T10
钢筋代号	BarCode	VARCHAR (32)			notnull	钢筋表钢筋代号字段值		
钢筋根数	NumBar	VARCHAR (32)				垫板表垫板代号字段值		
杆长	L_Total	Real	m	1	notnull			
外露段长	L_Extern	Real	m	1				
黏结剂	Grout	VARCHAR (32)				砂浆、环氧、药卷、无		
颜色	Color							
线宽	LineW							
说明	Remark	VARCHAR (1024)						

衬砌/Liner

字段名称	英文名	字段类型	单位	默认小数点位数	空/非空	字典值	说　明	案例
衬砌代号	LinerCode	VARCHAR (32)			notnull		默认 B_ L 长度 D 钢筋直径 T 预张拉力	B_L6D25T10

续表

字段名称	英文名	字段类型	单位	默认小数点位数	空/非空	字典值	说　明	案例
混凝土代号	ConCode	VARCHAR (32)			notnull	混凝土代号字段值		
衬砌厚度	Thick_T	Real	cm	0				
外层箍筋配筋率	BarRatio_ExH	Real	%	3			素混凝土衬砌时为空	
外层肋筋配筋率	BarRatio_ExL	Real	%	3			素混凝土衬砌时为空	
外层混凝土厚	Thick_Ex	Real	cm	0			素混凝土衬砌时为空	
内层箍筋配筋率	BarRatio_ExH	Real	%	3			素混凝土或单层配筋时为空	
内层肋筋配筋率	BarRatio_ExL	Real	%	3			素混凝土或单层配筋时为空	
内层混凝土厚	Thick_in	Real	cm	0			素混凝土或单层配筋时为空	
说明	Remark	VARCHAR (1024)						

喷层/Shotcrete

字段名称	英文名	字段类型	单位	默认小数点位数	空/非空	字典值	说　明	案例
喷层代号	ShotCode	VARCHAR (32)			notnull	混凝土代号字段值	默认为 SH_标号+厚度	
喷层标号	ShotClass	VARCHAR (32)	cm		notnull	混凝土代号字段值		C15, C25, C30, …
厚度	Thickness	Real						
掺纤	Fibre	VARCHAR (32)				钢纤维、聚丙乙烯、无		
掺纤率	FibreRatio	Real	%	3				
说明	Remark	VARCHAR (1024)						

续表

浇筑层/Concrete

字段名称	英文名	字段类型	单位	默认小数点位数	空/非空	字典值	说　明	案例
浇筑层号	ConCode	VARCHAR (32)			notnull		默认为 SH_标号+厚度	
混凝土标号	ConClass	VARCHAR (32)			notnull	混凝土代号字段值		C15, C25, C30, …
厚度	Thickness	Real				同混凝土代号字典值		
肋筋配筋率	BarRatio_L	Real	%	3				
箍筋配筋率	BarRatio_H	Real	%	3				
说明	Remark	VARCHAR (1024)						

钢筋网/Mesh

字段名称	英文名	字段类型	单位	默认小数点位数	空/非空	字典值	说　明	案例
钢筋网代号	MeshCode	VARCHAR (32)			notnull		默认名称为 Mesh_D 钢筋直径	Mesh_D8
钢筋代号	BarCode	VARCHAR (32)			notnull	钢筋代表字典值		
网格长	Length	Real	cm	0				
网格宽	Width	Real	cm	0				
说明	Remark	VARCHAR (1024)						

排水孔 DrainHole

字段名称	英文名	字段类型	单位	默认小数点位数	空/非空	字典值	说　明	案例
代号	HoleCode	VARCHAR (32)			notnull			
孔径	Diameter	Real	mm	1	notnull			
孔深	Depth	Real	m	1	notnull			
说明	Remark	VARCHAR (1024)						

字段名称	英文名	字段类型	单位	默认小数点位数	空/非空	字典值	说　明	案例
						钢拱架/SteelSet		
钢拱架代号	StlSetCode	VARCHAR (32)			notnull			
工字钢代码	IBeamCode	VARCHAR (32)			notnull	材料库工字钢表单		
拱架长度	IBLength	Real	cm	0				
垫板代号	BlockCode	VARCHAR (32)				材料库拱架垫块表		
垫板数量	BlockNum	integer	块					
						钢筋肋/StlBarRib		
钢筋肋代号	StlRibCode	VARCHAR (32)			notnull			
肋筋钢筋代号	StlBarCode	VARCHAR (32)			notnull	材料库钢筋表单		
钢筋数量	StlBarNum	Integer	根		notnull		默认 4 根	
外边界长	BoundLeng	Real	cm	2				
外边界厚	BoundThic	Real	cm	2				
长度	StlBarLeng	Real	m					
箍筋数量	HoopNum	Integer	箍					
箍筋钢筋代号	StlBarCode	VARCHAR (32)				材料库钢筋表单		

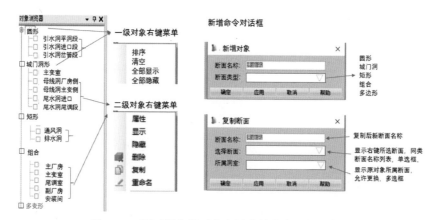

图 9-3　断面操作的对象右键菜单命令和新增命令

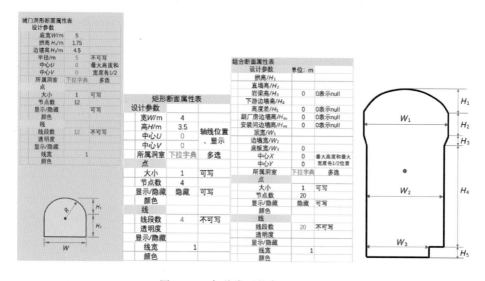

图 9-4　各种类型的断面属性页

9.3　边坡模块

9.3.1　功能架构

　　边坡模块以满足场地布置放坡的开挖边坡为对象，开挖边坡轮廓形态不受建筑物结构形态影响，对于道路工程、场平工程具有良好的实用性。水电站工程边坡下部轮廓往往取决于结构布置要求，上部为单纯的放坡。因此，目前阶段的边坡设计功能并不专门针对水电站工程边坡中服务结构布置的部分，还适用于上部放坡段设计。

　　边坡模块属于应用层功能模块，可在三维地质模型基础上完成边坡三维轮廓设计、边坡稳定分析（二维）、加固设计和成果输出。边坡模块的重点内容就利用三维地质模型包含的信息，帮助合理选择力学分析方法和设计分析流程，提高成果可靠性，从而优化轮廓形态，实现"安全可靠基础上的经济合理"。表 9-4 为边坡模块的功能列表。图 9-5 为边坡模块技术路线。

表 9-4　　　　　　　　边坡模块功能列表

应用功能		本次内容	待深化
边坡形态设计	坡形参数化设计	一般岩土边坡轮廓形态三维设计	水电、料场边坡轮廓三维设计
		支持弧线连接的边坡轮廓形态，支持底板轮廓高程变化	
		不同形态坡段之间的简单衔接	坡段间复杂衔接
	轮廓线参数化编辑	单一轮廓的打断、交切、延长、删除	
		带约束编辑：平移、转动等	
	典型地质界面与坡面交切	参数化坡面网格的非参数化转换	
		非参数化面网格交切计算与实现	
	截水沟设计	模板和应用功能	
	排水、交通等辅助设施设计	模板和应用功能	
边坡结构设计	锚固结构	锚杆、锚索	土钉
	其他	喷层、排水孔	
稳定计算（支持平面块体（材料分区）模型和独立的稳定计算；支持外部导入的剖面图开展计算；支持分段设计边坡合并后进行计算）	工程地质分区与定性分析	针对岩质边坡、根据边坡结构的分析	
	图解法	工程类比法，土坡、岩坡各一种方法	
		岩质边坡赤平投影法	
	极限平衡分析	Bishop 法、改进剩余推力法和 Sama 法，不含加固；	MP、剩余推力法的加固计算
	二维数值分析	内置 UDEC 计算接口	FLAC2D 接口实现设计；后期可接入石根华自主研发的 DDA
	三维数值接口		FLAC3D 与 3DEC 接口
	可靠度分析		
统计计算	开挖工程量分项计算	不同岩土层剥落量分项统计	
	支护工程量分项计算	所设计的支护类型工程量分项统计	
其他	报告输出	插入图标和对应的文字描述	

140

9.3.2　主要功能介绍

岩土工程分析设计一体化平台边坡模块的主要功能如下：

（1）边坡三维轮廓设计。边坡三维轮廓设计可根据创建的起挖线生成边坡初始轮廓，可局部调整边坡轮廓，得到更精细的边坡三维轮廓设计（图 9-6）。该模块能够进行比较完整的边坡轮廓形态三维参数化设计，包括截排水、台阶等常见的辅助设施；支持弧形坡段和底板高程变化的情形。

（2）边坡稳定分析——地质剖面转二维计算剖面。该功能能够实现地质模型到计算模型的快速自动或半自动概化，概化计算模型应具备人工可干预性，以保证计算简化的合理性，同时，支持二

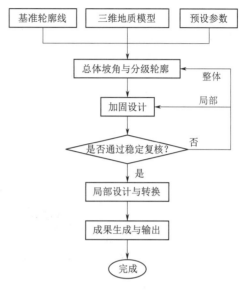

图 9-5　边坡模块技术路线

维数值计算接口，如 UDEC 等。其中，开展二维计算主要有两种方法：一种是自线集创建二维剖面，可根据剖面线导入外部地质剖面图（.dwg 或 .dxf），转为计算剖面；另一种是三维地质模型剖切生成二维图，再转换为计算剖面。通过以上两种方法转为计算剖面，即可开展二维计算。图 9-7 为转换成的二维计算剖面。

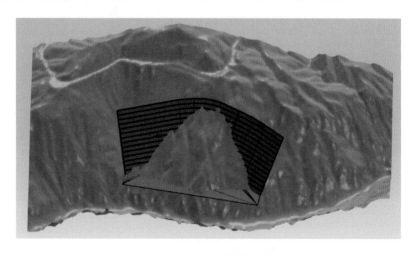

图 9-6　边坡轮廓设计

（3）加固设计。平台内置加固件库（图 9-8），加固件库按照 2 级层次设计，包含材料库、配件库，其中材料库包含钢筋、混凝土、钢绞线、型钢四种基本材料，配件库包含锚墩、锚垫板。加固件根据基本材料以及配件组合形成，加固件单一或多种组合形成加固方案。通过选择设定的加固方案、布置到需加固的区域，可作为计算工作量的依据，同

时，加固布置之前进行加固分区，每个区对应一个加固方案，在大型边坡加固布置时可大幅减少操作。

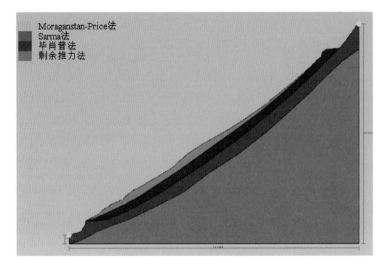

图 9-7　二维计算剖面

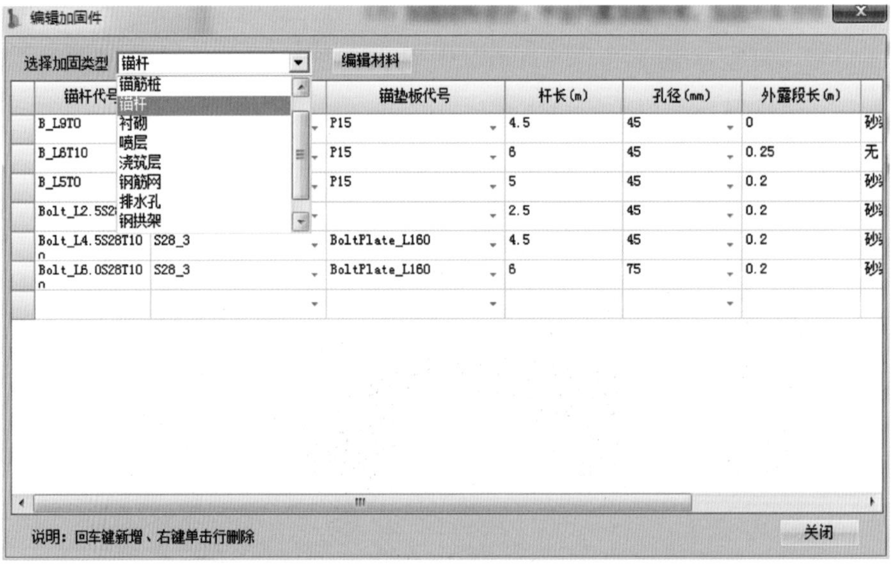

图 9-8　加固件库

（4）成果输出。能够生成工程所需要的成果，包括工程量统计计算、二维草图、成果报告等。其中，工程量统计计算可获得边坡开挖工程量、加固工程量、截排水工程量；计算书可自动生成边坡极限平衡计算过程及结果，将极限平衡计算涉及的计算模型、工况、计算条件、参数赋值、计算结果等信息自动写入计算书模板。

9.3.3　边坡稳定性计算模块

边坡稳定性计算模块是平台研发过程中的重点之一。平台内置了边坡模块稳定性计算的 Bishop 法、Morgenstern Price（M－P 法）法、剩余推力法和 Sarma 法四种方法，在研究过程中，采用了多种方式对以上计算方法的可靠性进行测试及验证。表 9－5 列出了各种极限平衡方法所满足的力学平衡条件，满足条件越多，对应的理论相对更严密，求解过程的要求和出错的概率也就越高。

9.3.3.1　ACADS 考题

图 9－9 所示模型为澳大利亚 ACADS 考题 EX1，计算参数见表 9－6。本案例采用 CnGIM＿de 边坡稳定性计算模块和 Slide 软件内置多种极限平衡方法进行对比验证。图 9－9 是边坡二维地质剖面，图 9－10 为 CnGIM＿de 模块计算模型，图 9－11 为 Slide 计算模型。

表 9－5　　　　　　　　各种极限平衡方法所满足的力学平衡条件对比

方　法	平衡条件			是否考虑条间法向力	是否考虑条间切向力	X/E 的结果或 $X-E$ 的关系	滑动面假定
	力矩平衡	静力平衡					
		水平力	垂直力				
瑞典条分法	是	否	否	否	否	无条间力	圆弧
简化 Bishop 法	是	否	是	是	否	仅水平力	圆弧
简化 Janbu 法	否	是	是	是	否	仅水平力	任意
通用 Janbu 法	是	是	是	是	是	应用推力线	任意
Corps of Engineers 法 1#	否	是	是	是	是	从坡顶到坡脚直线的斜率	任意
Corps of Engineers 法 2#	否	是	是	是	是	条块顶部地面的斜率	任意
Lowe－Karafiath 法	否	是	是	是	是	条块顶部和底部倾角平均值的斜率	任意
Spencer 法	是	是	是	是	是	常数	任意
Morgenstern－Price 法	是	是	是	是	是	变量，用户函数	任意
通用条分法（GLE 法）	是	是	是	是	是	可采用各方法的假设条件	任意
Sarma 法	是	是	是	是	是	$X=c+E\tan\phi$	任意
不平衡推力法	否	是	是	是	是	上一条块底面的斜率	任意

注：X—条分面上切向力；E—条分面上法向力。

表 9－6　　　　　　　　　　岩土体物理力学参数

岩土层	容重/(kN/m³)	黏聚力/(kN/m²)	内摩擦角/(°)
1#土	19.5	0.0	38.0
2#土	19.5	5.3	23.0
3#土	19.5	7.2	20.0

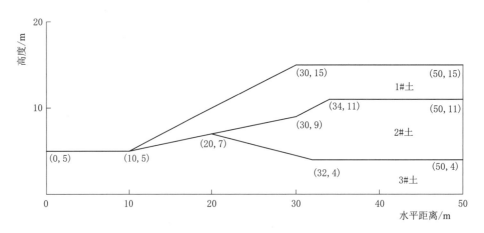

图 9 - 9   边坡二维地质剖面

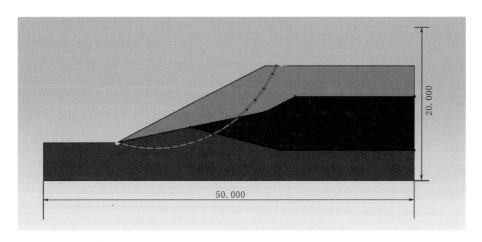

图 9 - 10   CnGIM＿de 模块计算模型

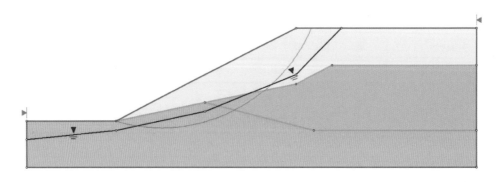

图 9 - 11   Slide 计算模型

CnGIM_de 与 Slide 软件各方法计算结果对比见表 9-7。

表 9-7　　　　　　　　　　计算结果对比

计算软件	计算方法	稳定性系数
CnGIM_de 边坡稳定性分析模块	改进剩余推力法	1.356
	Sarma 法	1.395
	M-P 法	1.362
Slide 软件	瑞典条分法	1.251
	简化 Bishop 法	1.410
	简化 Janbu 法	1.280
	修正 Janbu 法	1.369
	美国陆军工程师团法.1	1.404
	美国陆军工程师团法.2	1.414
	M-P 法	1.381
	SPENCER 法	1.380

9.3.3.2　工程实例——拉金神谷边坡

如图 9-12 所示，选取拉金神谷边坡纵 2 剖面，分别采用 Slide、CnGIM_de（图 9-13）进行指定滑面安全系数计算，对比两种软件不同算法的计算结果，具体地质力学参数见表 9-8。

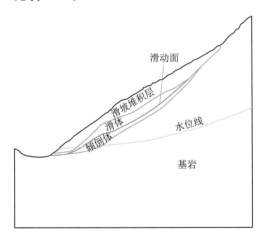

图 9-12　拉金神谷边坡纵 2 剖面

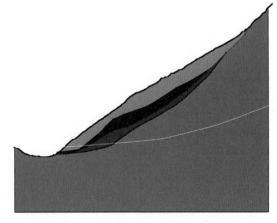

图 9-13　CnGIM_de 极限平衡计算剖面

Slide 软件采用 M-P 方法计算的纵 2 剖面沿指定滑面的安全系数为 FOS=1.077，CnGIM_de 软件的 M-P 方法计算结果为 FOS=1.041，两个软件计算结果差距在百分位，计算结果比较接近。

9.3.3.3　工程实例——某水电站库区边坡

本案例为某水电站库区不稳定边坡 H1 滑坡体纵 2-2 剖面及 1# 变形体纵 2-2 剖面。滑移面选择为滑坡堆积层下限，计算剖面如图 9-14～图 9-18 所示，计算参数见表 9-9，计算采用 CnGIM_de 边坡稳定性计算模块和 Geostudio Slope/w 模块内置的多种极限平衡分析方法进行对比验证。

表 9-8 拉金神谷边坡纵 2 剖面地质力学参数

岩 土 体 类 型		容重/(kN/m³)（天然/暴雨）	φ（天然/暴雨）	c/kPa（天然/暴雨）
岩体	滑坡堆积层	20.0/22.0	0.55/0.52 28.8/27.3	55/50
	滑体	23.0/24.0	0.55/0.5 28.8/26.5	60/54
	倾倒体	24.0	0.80 38.7	150
	基岩	27.0	0.90 42	750
滑动面		—	0.59/0.56 30/29	33.27/31.61

表 9-9 岩土体物理力学参数

材料参数	密度 ρ/(g/cm³)	内摩擦角 φ/(°)	黏聚力 c/MPa
滑坡堆积层	2.05	30	0.05～0.10
滑移—拉裂区	2.35	36	0.20
变形—拉裂区	2.45	38	0.30
强倾倒区	2.15	35	0.10
弱倾倒区	2.45	38	0.30
正常岩体	2.65	40	0.8

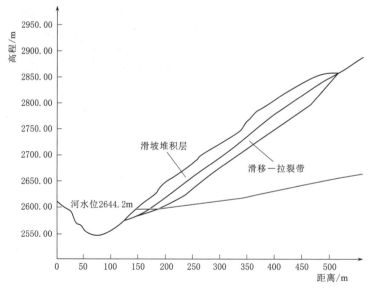

图 9-14 H1 滑坡体纵 2-2 工程地质剖面图

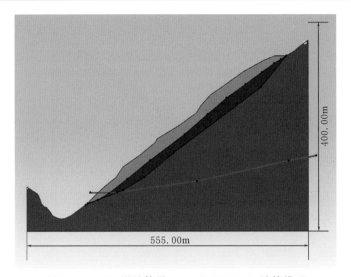

图 9 - 15　H1 滑坡体纵 2 - 2 CnGIM_de 计算模型

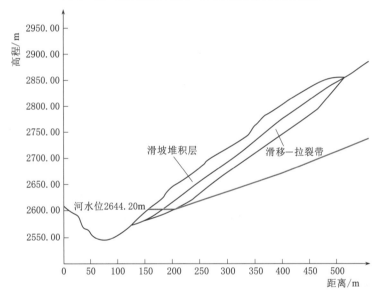

图 9 - 16　1♯变形体纵 2 - 2 工程地质剖面图

采用 CnGIM_de、Geostudio Slope/w 分别对不同断面计算的结果进行对比，见表 9 - 10 和表 9 - 11。

表 9 - 10　　　　　　　　　　　　H1 滑坡体纵 2 - 2 剖面计算结果

计算软件	计算方法	$P=0.5\%$ (蓄水位为 2675.00m)	$P=5\%$ (蓄水位为 2655.50m)	$P=10\%$ (蓄水位为 2644.20m)
CnGIM_de 边坡稳定性分析模块	改进剩余推力法	1.379	1.382	1.387
	Sarma 法	1.384	1.380	1.392
	M-P 法	1.375	1.388	1.384
Geostudio Slope/w	M-P 法	1.387	1.386	1.391
	Bishop 法	1.356	1.364	1.372

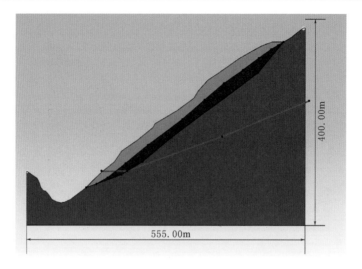

图 9-17 1#变形体纵 2-2 CnGIM _ de 计算模型

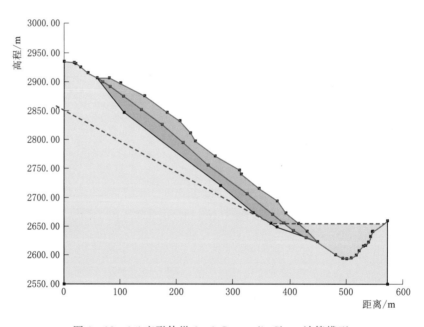

图 9-18 1#变形体纵 2-2 Geostudio Slope 计算模型

表 9-11 1#变形体纵 2-2 剖面计算结果

计算软件	计算方法	$P=0.5\%$ （蓄水位为 2675.00m）	$P=5\%$ （蓄水位为 2655.50m）	$P=10\%$ （蓄水位为 2644.20m）
CnGIM _ de 边坡稳定性分析模块	改进剩余推力法	1.320	1.333	1.340
	Sarma 法	1.320	1.333	1.340
	M-P 法	1.315	1.329	1.337
Geostudio Slope/w	M-P 法	1.331	1.338	1.343
	Bishop 法	1.300	1.318	1.328

9.3.3.4 计算结果总结

通过三个边坡案例（包括一个理想边坡和两个工程实例）验证了 CnGIM_de 软件边坡模块极限平衡计算的效率和准确性。首先，软件能够快速将二维地质剖面转化为计算剖面，特别是针对地层关系较为复杂的情况，能够保证计算模型的准确性。其次，与两款常用边坡计算软件 Geostudio Slope 和 Slide 的对比结果显示：①CnGIM_de 能够获得与其一致的圆弧形滑动面位置；②针对滑动面为圆弧形和折线形这两种情况，同一计算方法条件下，CnGIM_de 与这两款软件所得安全系数的误差能够保证在 3%以内。

9.3.4 工程应用——某水电站大坝进水口边坡

9.3.4.1 工程背景

本工程是某水电站大坝进水口边坡开挖项目，水电站建设规模为单机容量 1000MW，第一期容量为 2×1000MW。场地的基本信息如图 9-19 和图 9-20 所示。

图 9-19　三维地质模型

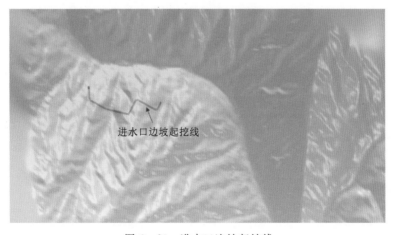

图 9-20　进水口边坡起坡线

三维地质模型主要由地形面、地下水位面、地层面、断层面构成，工程区域为山区峡谷地形，峡谷断面呈 V 形、U 形，两侧斜坡以基岩斜坡为主，局部区域分布一定厚度覆盖层边坡，其中揭露主要地层有二叠系峨眉山组玄武岩和三叠系飞仙关组砂岩、泥岩，覆盖层主要以崩坡积碎石土为主，断层中等发育，未见 I、II 级区域断裂。

9.3.4.2 轮廓设计

工程场地范围内，开挖进水口边坡，边坡底板高程 2709.00m，根据边坡轮廓线、底高程以及地形关系，设计边坡开挖方案，边坡所在河谷地形呈不对称的 V 形，左侧地形高陡，以基岩边坡为主，右侧地形相对较缓，分布一定厚度的覆盖层，下伏地层均为峨眉山组玄武岩。覆盖层以碎石土为主，边坡开挖设计要求梯级坡高不超过 20m，覆盖层总坡高不超过 50m，开挖坡比缓于 1:1.5，左侧基岩边坡梯级坡高不超过 25m，坡比缓于 1:0.5。图 9-21 为根据起坡线创建的边坡模型，图 9-22 为坡面分区。

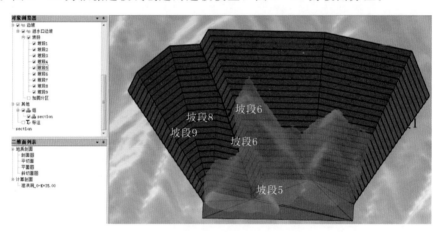

图 9-21 边坡模型

9.3.4.3 赋值计算

边坡创建完成后，进行边坡稳定分析。平台内置的稳定复核方法包括：赤平投影、经验分析、极限平衡法。图 9-23 为经验分析结果，图 9-24 为边坡赤平投影分析结果。

极限平衡计算支持搜索滑面、指定滑面两种情形的稳定性计算，其中指定滑面包括半指定＋半搜索、贯通滑面计算两种情形。图 9-25 为考虑后缘断裂的极限平衡计算结果。

9.3.4.4 加固设计

在通用模块中点击【加固】→【方案设计】，创建边坡系统支护的方案，将边坡所需的多种加固方案均创建完成，随后，将各个支护方案布置到边坡各个坡段、各级梯段坡面上。图 9-26 为

图 9-22 坡面分区

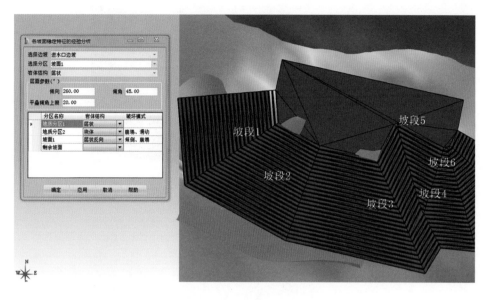

图 9-23 经验分析结果

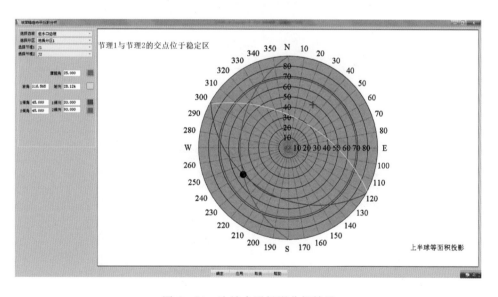

图 9-24 边坡赤平投影分析结果

创建的支护方案,图 9-27 为支护设计布置。

9.3.4.5 成果输出

边坡开挖方量计算前需根据地质模型、边坡开挖面模型,地表面模型进行封装,用以构建封闭体模型(可查询体积)。图 9-28 为封闭后的开挖体,可以进行封闭体体积查询。

平台可输出二维图到 AutoCAD 新版,设置出图比例尺、图纸尺寸、输入工程信息,点击绘制,即生成剖面图预览(图 9-29),地质信息、加固信息均可在图纸中体现。确认无须修改后,即可输出成 AutoCAD 图纸文件(.dwg、.dxf)。

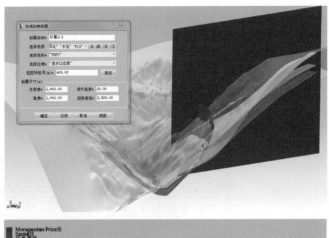

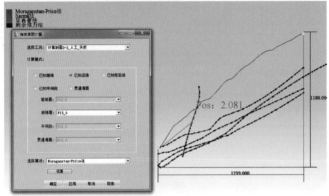

图 9-25　考虑后缘断裂的极限平衡计算结果

图 9-26　支护方案

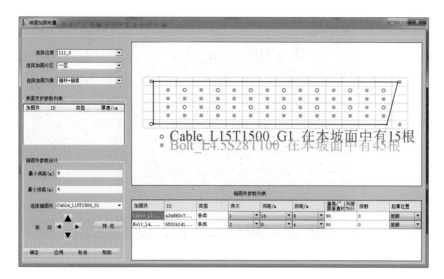

图 9 - 27　支护设计布置

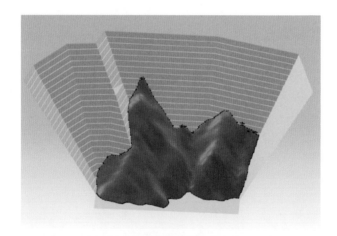

图 9 - 28　开挖体封闭体体积查询

图 9 - 29 剖面图预览

9.4 洞室模块

9.4.1 功能架构

洞室模块是应用层功能模块。相比较边坡而言,洞室围岩潜在问题类型与地质条件的关系更紧密,从而可以更好地利用地质模型包含的信息进行洞室潜在问题和程度的判断,以此为依据进行支护设计、支护校核,从内在技术路线和过程上体现"岩土分析设计一体化"的目标。表 9 - 12 为洞室模块功能列表,图 9 - 30 为基于含属性三维地质模型的洞室围岩稳定评价及支护设计程序框图。

表 9 - 12　　　　　　　　　洞室模块功能列表

	应 用 功 能	本 次 内 容	待 深 化
洞室生成/重构与编辑	结构网格与地质网格的转换	将结构模型病态网格转换为均匀网格	圆形与城门洞型
	洞室模型重构流程	面状支护:喷层、格栅梁	
	洞室分区/分段(含局部坐标)	模板和应用功能	
	洞室群布置设计	基于三维地质模型的布置设计	
稳定计算	洞室压力计算	普氏理论	
		太沙基理论	
		松动土压力理论	
	经验分析方法	基于围岩质量分级结果	
		基于 Hoek 的变形稳定分析	
		硬岩深埋高应力问题	
	解析方法	针对隧洞软岩大变形的 CCM 方法	赤平投影
	数值计算	二维 UDEC 计算	FLAC3D、3DEC 接口

续表

应 用 功 能		本 次 内 容	待 深 化
支护设计	经验方法	国内：水利水电规范	
		国际：Q 方法、Hoek 方法、安省方法（岩爆）	
	解析方法	软岩稳定的 CCM 方法	
	数值方法	二维 UDEC 计算	
统计计算	开挖工程量分项计算	不同岩土层剥落量分项统计	
	支护工程量分项计算	所设计的支护类型工程量分项统计	
	其他工程量分项计算	灌浆、排水等	
其他	报告输出	插入图表和对应的文字描述	
	美工	所开发内容美工	所开发内容美工
	文档	所开发内容文档	所开发内容文档

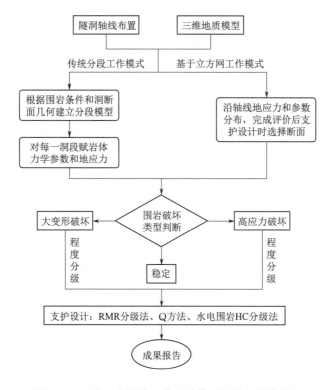

图 9 - 30　基于含属性三维地质模型的洞室围岩稳定
评价及支护设计程序框图

9.4.2　主要功能介绍

岩土工程分析设计一体化平台洞室模块包括轮廓设计、赋值分析、加固设计等主要功能。

（1）轮廓设计。该模块主要实现两个方面的功能：其一是根据轴线、在指定桩号（控制点）部位安装断面，生成隧洞三维轮廓（图 9-31），支持生成圆形、城门洞、矩形以及组合体型；其二是对已经创建的洞室群、参照地质条件进行布置设计（调整方位和位置）。

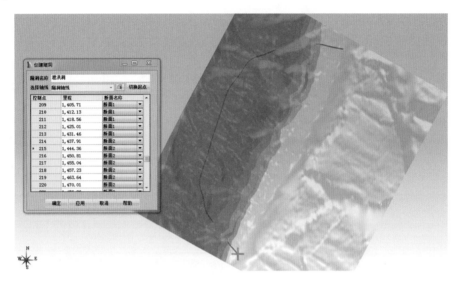

图 9-31　洞室轮廓设计

（2）赋值分析。该模块可对各洞段赋围岩质量和地应力，同时计算埋深，并基于 Hoek 方法和水电规范取值方法换算成相应的力学参数值，服务于对各洞段潜在问题类型和程度的分析评价（图 9-32）。评价结果分稳定、松弛、变形、高应力四种情形，其中强烈的变形和验证的高应力都超过了常规经验性方法的范畴，在支护设计时采用 CCM 和安省方法进行专门分析。

（3）加固设计。加固设计方法主要有两大类，其中：一种是经验方法，主要包括 Q 方法的支护设计、RMR 分级法的支护设计、水电规范中的支护设计、安省方法的支护设计；另一种是 CCM 解析法支护设计。同时，洞室模块支持将地质和隧洞模型输出到 UDEC 进行支护设计论证。

与边坡加固设计相似，事先由专家拟定几种可选的加固方案，然后根据各洞段潜在问题分析结果选择其中最合适的加固方案，平台提供的加固设计方法如下：

1）所有情形。无论评价结果如何，均允许采用水电和 Q 方法进行加固设计，但最近适用情形为判断结果为稳定、松弛、较弱的变形和中等以下岩爆的情形。

2）变形问题。程度等级为严重及更突出的情形，另行增加 CCM 方法。

3）岩爆问题。程度等级为中等及以上的情形，另行增加安省法。

4）成果与输出。主要是工程量统计、计算书以及设计图等。工程量统计主要是统计隧洞开挖工程量、支护工程量；计算书与边坡模块类似，洞室模块提供隧洞创建、分段、赋值、稳定评价过程的计算书报告自动生成功能；设计图指洞室模块提供输出包含地质、隧洞及加固件信息的断面图（图 9-33），选择隧洞分段及断面进行出图，输出的断面图包括分段桩号范围信息、当前洞断典型断面及加固信息。

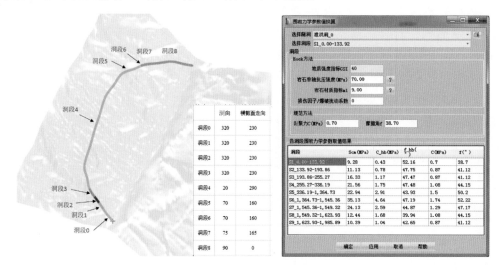

图 9-32　隧洞分段赋值计算

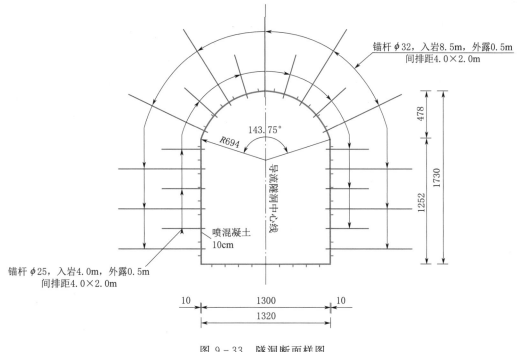

图 9-33　隧洞断面样图

9.4.3　洞室围岩变形稳定分析及支护设计

　　洞室围岩变形稳定分析及支护设计是平台研发的重点之一。洞室模块的围岩变形稳定分析采用 Hoek-Brown 强度准则的参数取值，其中围岩收敛应变解方法（CCM 法）基于该强度准则。Hoek-Brown 强度准则针对岩体剪切破坏，目前已广泛地应用于各行各业的岩体工程。

9.4.3.1　参数取值

洞室模块的围岩变形稳定分析采用 Hoek - Brown 强度准则的参数取值。Hoek - Brown 强度准则针对岩体剪切破坏，目前已广泛应用于各行各业的岩体工程。当然，Hoek - Brown 强度准则的工程应用往往也需要一些分析理论和方法作为载体，目前的应用载体主要包括以下方面：

（1）基于 Hoek - Brown 强度准则的经验分析和极限分析。

（2）基于 Hoek - Brown 强度准则的圆形隧洞弹脆塑性解析。

（3）基于 Hoek - Brown 强度准则本构模型和数值应用的研究。

Hoek - Brown 强度准则和参数取值方法的起源和发展过程一直伴随工程应用，并通过工程应用不断完善。这一过程中也诞生了基于 Hoek - Brown 强度准则的一些经验性方法，其中比较典型的就是软岩隧洞变形量和临界变形大小的经验估计方法，方便根据塑性大变形程度选择合适的支护设计方案。

目前许多研究学者将 Hoek - Brown 强度准则作为极限破坏准则，结合极限分析的方法，包括极限平衡法分析、滑移线场法分析、上下线法分析、强度折减法等，来开展岩体边坡稳定性、低级和桩基承载力、隧洞围岩稳定性、锚杆抗拔力等分析。宋建波将基于 Hoek - Brown 强度准则的抗剪强度公式运用于改进的 Sarama 非垂直条分法中，求得瞬时黏聚力和瞬时内摩擦角，并应用于雅砻江锦屏水电站的边坡工程中。C. Carranza - Torres 等将基于 Hoek - Brown 强度准则的收敛限制法应用于隧道设计中。钟正强采用 Hoek - Brown 强度准则描述岩体的强度特征，建立相应隧道开挖的数值计算模型，分析不同侧压系数时层状岩体的变形破坏特征。M. Fraldi 等基于 Hoek - Brown 强度准则对圆形隧洞开挖中塌落破坏的可能性进行预测，提出比较简单的精确解，继而提出可以考虑任意横断面形状的复杂解析方法，并通过数学解析方法验证了隧道围岩渐进破坏中出现的塌落块为一次形成的假定。

Hoek - Brown 强度准则也可以作为极限平衡的条件，通过数学推导和一定的简化假设，应用于可以简化为对称平面应变问题的侧压力系数为 1 的圆形隧道围岩稳定问题中来。

随着岩体工程规模和复杂程度的增加，建立考虑力学行为过程的本构模型，采用有限元法、有限差分法、离散元法和无网格法来进行三维数值分析是工程应用的迫切需要。许多研究者也开展了相应的研究来建立基于 Hoek - Brown 强度准则的本构模型，并应用到数值计算中。P. Cundall 建立基于 Hoek - Brown 强度准则的适用于脆性和延性岩石的本构模型，为数值软件 FLAC 中的 Hoek - Brown 模块提供理论基础。目前只有基于有限差分法的数值软件 FLAC 将基于广义 Hoek - Brown 强度准则的本构模型嵌入，其余数值工具只能通过 Hoek - Brown 强度准则与 M - C 强度准则参数的等效替换来进行间接应用。

经过多年的持续发展，基于不同研究目的和应用状况的 Hoek - Brown 强度准则得到了不断的改进、修正和完善。基于 Hoek - Brown 强度准则的研究正朝着精确化、理论化、三维化和微观化的方向发展，从一个经验准则上升到一个理论体系。进一步提高基于 Hoek - Brown 强度准则的岩体参数精度是研究者们追寻的方向，而目前随着岩体工程复杂程度的提高，传统数学解析方法存在物理和实验室试验操作困难的缺点，采用大型三维数值软件来解决岩体工程问题是未来的发展趋势，因此要求构建更能接近工程实际的基于三维 Hoek－Brown 强度准则的本构模型。

以上叙述可以看出，岩体工程界已经普遍性地采用 Hoek－Brown 强度准则，目前，岩体工程的所有分析理论和方法以及主导性的分析软件都提供了 Hoek－Brown 强度准则，客观上彻底改变了既往分析方法中摩尔—库伦强度准则占据绝对地位的局面。

虽然如此，Hoek－Brown 强度准则仍然存在一定的使用条件，该准则仍然基于连续介质力学，主要描述岩体峰值强度特征。主要适用条件如下：

（1）各向同性岩体。Hoek－Brown 强度准则在工程应用过程中最突出的要求就是岩体的各向异性，最理想的情形是发育三组正交节理的硬质岩体的峰值剪切强度。

（2）岩体特性。虽然 Hoek－Brown 强度准则被延伸应用到非常软弱的岩体中，但仍然存在一定缺陷。此外，引入损伤因子后可以帮助描述应力松弛或爆破松动岩体的力学特性和相应的参数值变化，但其理论合理性与最新研究成果之间存在一定的偏差。

（3）围压条件。Hoek－Brown 强度准则适合于岩体发生剪切破坏的情形，当围压水平相对很低到接近于零时，该准则的应用将可能存在误差，这是因为此时岩体的破坏机制很可能为张性，岩体的非连续性特征开始起到控制作用。

总体而言，Hoek－Brown 强度准则适用于满足上述条件的边坡、洞室、坝基岩体的一般情形，对于出现屈服、应力松弛现象的西部复杂地质条件下，虽然 Hoek－Brown 强度准则也针对这些情形，并也在工程中得到应用，但是相关成果揭示，Hoek－Brown 强度准则在应用于这些复杂条件时，不论是在理论合理性方面，还是在实际结果上，都还存在需要不断完善的环节。当然，其中部分环节不仅存在于 Hoek－Brown 强度准则，而且涉及岩体复杂力学特性的认识和描述。

9.4.3.2 洞室围岩稳定状态判断

1. 潜在破坏类型判断准则

隧洞围岩潜在破坏类型包括结构面切割块体破坏、岩体强度不足（软岩或破损）导致的大变形或坍塌，以及埋深过大导致的高应力破坏（完整性好的硬质岩体）。一般而言，当隧洞尺寸相对不大（如 15m 以内）时，确定性结构面切割块体规模也相对不突出，在忽略这类问题以后，大变形和高应力破坏是隧洞工程实践中普遍关心的两类基本问题，是支护设计的基础。当这两类问题都较为不明显时，围岩往往处于良好的稳定状态，对支护的需求也较低，甚至不支护时也可以保持稳定。

此处采用的隧洞围岩潜在破坏类型的判断准则列于表 9－13。

上述判断准则主要适用于尺寸相对不是特别大（如不超过 15m）的隧洞工程，其数值也主要来源于矿山、交通、水电行业工程实践经验总结。当隧洞尺寸较大时，如对于跨度达到 20m 以上的隧洞工程，建议采用数值方法进行专题分析研究，上述判断准则仅适合于工程早期阶段的基本判断。

上述判断准则中使用了围岩力学参数指

表 9－13　问题类型的判断准则

变形问题	$\frac{\sigma_{cm}}{\sigma_1}<0.45$ 且 $\sigma_{ci}<80MPa$
高应力问题	$\frac{\sigma_{cm}}{\sigma_1}<0.45$ 且 $\sigma_{ci}\geq80MPa$
基本稳定	$\frac{\sigma_{cm}}{\sigma_1}\geq0.45$，$\frac{3\sigma_1-\sigma_3}{\sigma_{ci}}<0.6$

标和地应力值，虽然这些都是勘察工作的成果，但往往带有一定程度的不确定性。可以说，上述判断准则本身比较合理，适用于工程实践中占绝对优势的常规性情形，但实际应用效果与对这些初始条件的把握程度密切相关，因此不可避免地受到应用者经验的影响。为便于应用，简要说明如下：

（1）岩石单轴抗压强度 σ_{ci} 取天然样平均值。

（2）岩体单轴抗压强度 σ_{cm} 采用基于 Hoek 方法取值结果。

（3）隧洞围岩最大主应力 σ_1、最小主应力 σ_3。系统设计时特别引用了轴线上的应力比值，经验性建议如下：①大部分情况下自重可以取上覆岩体重点，向斜核部洞段可以提高 20% 以内，背斜则可以降低 20% 以内；②最大主应力和自重的比值一般在 1.80 以内，达到 2.0 以上时属于较高应力比，硬岩条件下容易出现应力破坏，达到 3.0 属于比较异常的情形，往往受局部构造影响，即，高应力比值往往赋给特定构造附近，体现局部应力异常。

2. 变形程度分级准则

根据表 9-13，隧洞围岩是否存在变形问题主要取决于岩石单轴抗压强度和隧洞围岩最大主应力水平这两个方面的因素。这一判断准则的认识基础为：支护设计关心的是围岩塑性变形，是否产生塑性变形和变形的严重程度主要取决于岩体峰值强度及其与围岩应力水平之间的矛盾程度。支护的目的是控制塑性变形量，而不是弹性变形，因此判据中不包括常用的变形指标。表 9-13 变形问题判据中只考察了断面最大主应力大小，而不是像高应力问题判断准则那样包含最小主应力（即应力比）。这是因为工程关注的变形问题主要出现在岩体强度相对较低的围岩中，这类围岩不可能出现较高的应力比值。

大量工程实践表明，隧洞开挖以后，工程需要关注的围岩变形量受到围岩强度、地应力水平、洞室断面尺寸三个方面因素的控制。当把隧洞断面收敛变形量（直径方向两侧围岩变形量之和）与隧洞直径（跨度）之比定义为收敛应变时，收敛应变大小则直接取决于围岩强度和应力水平的比值大小。

图 9-34 表示隧洞断面收敛应变与围岩条件（用岩石单轴抗压强度 σ_{cm} 与围岩最大主应力 σ_1 之比表示）之间的关系，在获得岩体条件以后，即可获得对应的变形程度评价结果，分为四级，这 4 级的条件如下：

（1）极端严重：$\dfrac{\sigma_{cm}}{\sigma_1} < 0.15$。

（2）强烈变形：$\dfrac{\sigma_{cm}}{\sigma_1} \in [0.15, 0.20)$。

（3）严重变形：$\dfrac{\sigma_{cm}}{\sigma_1} \in [0.20, 0.28)$。

（4）一般程度：$\dfrac{\sigma_{cm}}{\sigma_1} \in [0.28, 0.45)$。

3. 高应力破坏程度与分级

围岩强度应力比（岩石单轴抗压强度与最大初始地应力水平之比）或应力强度比是水电行业最常用的围岩高应力破坏判断指标，该判断指标起源于 20 世纪 50 年代南非深埋矿

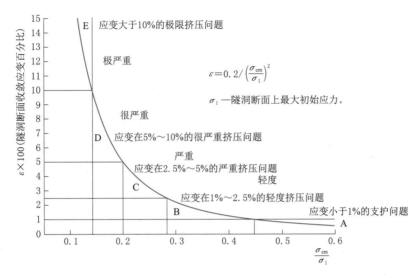

图 9-34 隧洞变形程度判断

山工程实践，是根据巷道围岩破坏程度与初始地应力条件之间的关系获得的统计分析结果，获得该指标值基于以下基本条件：

（1）岩石为强度很高的岩浆岩，单轴抗压强度一般在 200MPa 左右，很少低于 150MPa。

（2）巷道围岩破坏反映了采矿二次应力的影响，即巷道围岩破坏不只是初始地应力场的作用，还包括了采场（其他部位开挖）产生的应力扰动。

围岩强度应力比（或应力强度比）这一指标所存在的另一个不足是没有考察洞室断面上最小主应力，即断面应力比的作用，实践表明，硬岩条件下断面初始地应力比值大小对围岩破坏程度和形式起到非常明显的作用（软岩条件下断面主应力比接近 1.0，应力比作用考察最大主应力即可）。鉴于这一特点，20 世纪 90 年代加拿大安大略省深埋矿山界采用巷道断面最大二次应力与岩石单轴抗压强度之比的判断指标，并建立了围岩高应力破坏判断准则。

加拿大矿山工程实践中，在计算 SRF 时，σ_1 和 σ_3 指三维地应力场中的最大和最小初始主应力，没有考虑巷道轴线与最大主应力夹角影响，这是因为该指标主要用于宏观评价巷道掘进中高应力破坏风险程度，而现实中巷道方位变化非常频繁。

虽然 SRF 考虑了最小主应力或应力比的影响，但该指标也针对性建立在硬岩矿山实践基础上，现场巷道破坏或多或少地受到采场应力扰动的影响。因此，将该指标引用到水电工程中时，需要注意两个环节的差异：一是围岩强度，很多水电工程围岩单轴抗压强度在 150MPa 以下，显著低于建立 SRF 指标的岩石条件；二是水工隧洞开挖时基本不受其他洞室围岩二次应力的影响，也与 SRF 对应的工程条件存在一定差别。

图 9-35 显示以 SRF 指标为依据，围岩高应力破坏风险程度被分为低风险、中等风险、高风险和极高风险四级，大致分别对应于现场出现的破损、破裂、片帮和岩爆（岩饼）现象（图 9-36）。

事实上，当直接将图 9-35 中的 SRF 引入到工程实践中时，虽然其判断结果优于传

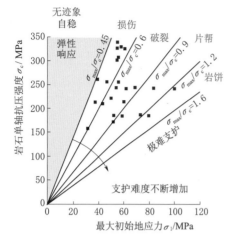

$$SRF = \frac{3\sigma_1 - \sigma_3}{\sigma_c}$$

σ_1—隧洞断面最大主应力；

σ_3—隧洞断面最小主应力。

风险分级	SRF	说明
低风险	0.45~0.60	(1)最佳适用条件为岩石单轴抗压强度超过120MPa，低于80MPa时基本不适用
中等风险	0.6~0.9	
高风险	0.9~1.2	
极高风险	>1.2	(2)遇向斜核部时将风险程度提高一级；刚性断裂、岩脉发育时需要专门分析

与隧洞大角度相交的压性结构面提高一级

图 9-35　高应力破坏程度判断图

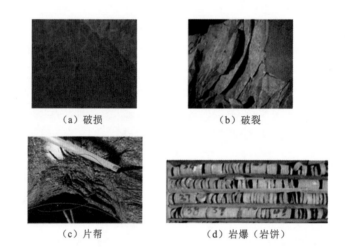

（a）破损　　　　　　　　（b）破裂

（c）片帮　　　　　　　　（d）岩爆（岩饼）

图 9-36　围岩高应力破坏类型的现场表现

统的应力强度比判据，但仍然存在一定的不适应性。为此，围岩高应力破坏风险程度判断准则中增加了以下修正内容：

（1）根据现场高应力破坏现象的修正，即不论是在前期勘探还是在施工期，如果现场观察到围岩高应力破坏现象，则以观察结果为准划分围岩破坏程度。

（2）增加适用范围与构造修正条款，在隧洞围岩稳定分析评价中，通过合理选择地应力比值实现。

显然，这种修正基于能够观察到现场现象，建立在一定勘探工作量乃至施工进程的基础上，当现实中不满足这些条件时，就缺乏进行修正的条件。此时最好的办法是修正图9-35所示的准则，这项工作需要建立在大量工程实践的基础上，没有包含在本次研究成果中。

4. 基于 RMR 分级法的围岩稳定评价

岩体质量 RMR 分级法的用途之一是判断洞室围岩稳定状态，该评价体系不关注围岩潜在破坏方式和埋深条件，依赖围岩质量 RMR 分值和未支护条件下的开挖跨度，实际上并不适合于深埋情形。

图 9-37 表示了基于 RMR 分级结果的围岩稳定特征评价结果，评价工作需要的基本资料为洞室跨度（小于 30m）和围岩 RMR 分值（基本值），两者分别对应于图 9-37 的纵坐标和图内曲线。对于给定隧洞断面位置，在获得这一组值以后，即可在图中找到坐标位置点，据此可以判断围岩稳定特征，系统中划分为三大类若干小类，具体如下：

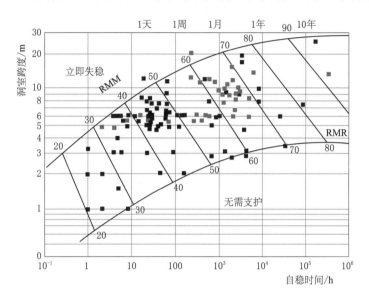

图 9-37　基于 RMR 的围岩稳定特征判断

（1）失稳。坐标位置点位于图 9-37 内曲线上方，表示开挖后即失稳。

（2）稳定。坐标位置点位于图 9-37 内曲线下方，表示不支护即可自稳。

（3）一般。坐标位置点位于图 9-37 内曲线上下边界之间的区域，又分以下情形：

1）很好。自稳时间超过 1 年。

2）较好。自稳时间介于 3 个月至 1 年。

3）一般。自稳时间介于 1～3 个月。

4）较差。自稳时间短于 1 个月。

9.4.3.3　软岩大变形 CCM 法

CCM 法是一个用于估算作用在隧洞掌子面后方支护结构上的荷载的解析方法，最早出现在 20 世纪 60 年代。21 世纪初，在 Hoek-Brown 强度准则得到广泛应用的背景下，Itasca 公司 Carranza-Torres 和 Fairhurst 建立了基于 Hoek-Brown 准则的完整解析解，此处直接引用了其中的理论部分，但在支护力计算环节采用了国内水电工程常用的支护类型和规格（如型钢规格和钢筋直径等）。

CCM 法是基于理想弹塑性理论建立的一种解析方法，对围岩变形特征和支护需要通过三条基本曲线表达。

图 9-38 给出了这三条特征曲线，基本含义概述如下：

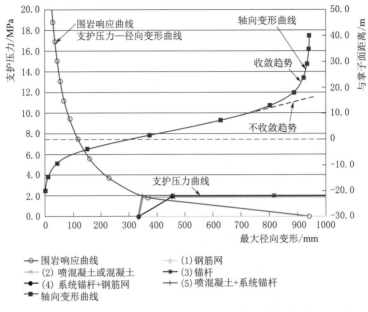

图 9-38　CCM 方法获得的围岩和支护特征曲线

（1）轴向变形曲线（LDP）表达了沿隧洞轴线方向各断面围岩径向变形量的变化（假设断面上变形均匀，或者按照最大变形量考虑），其中断面位置采用与掌子面的距离表示，即图中右侧纵轴。轴向变形曲线除揭露各断面上径向变形的变化特征以外，还可以帮助揭示围岩变形是否趋于收敛、即围岩是否趋于稳定。

（2）围岩响应曲线（GRC）表示了掌子面后方（掌子面拱效应范围以外）围岩最大径向变形与支护压力的关系，其中的最大径向变形用横坐标表示，支护压力由左侧纵坐标定义。

（3）支护压力曲线表示给定的支护设计方案所能提供的支护压力及其与围岩径向变形的协同关系，后者指支护安装以后完全发挥作用所需要经历的围岩变形量。

LDP 曲线是 CCM 法的重要成果之一，根据图 9-39 对问题的基本假定，Panet（1995）给出了基于弹性理论的径向位移与距离掌子面距离的关系，即

$$\frac{u_{\mathrm{r}}}{u_{\mathrm{r}}^{\mathrm{M}}} = 0.25 + 0.75 \left[1 - \left(\frac{0.75}{0.75 + \dfrac{x}{R}} \right) \right]^{2}$$

式中　x——与掌子面的距离，掌子面后方为正值，前方为负值；

　　　R——隧洞半径；

　　　$u_{\mathrm{r}}^{\mathrm{M}}$——最大径向变形量。

图 9-39 还给出了台湾 Mingtam 电站隧洞施工过程中变形监测结果，在掌子面后方大约 2 倍隧洞半径范围内，弹性假设计算结果明显高于实际监测结果。Hoek（1999）总结了这些监测成果以后，给出了径向位移和掌子面距离的最佳拟合曲线，即

$$\frac{u_{\mathrm{r}}}{u_{\mathrm{r}}^{\mathrm{M}}} = \left(1 + \mathrm{e}^{\frac{-x/R}{1.10}} \right)^{-1.7}$$

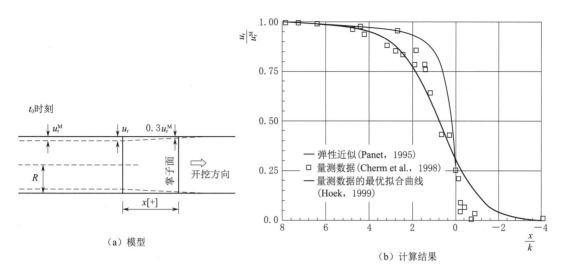

图 9-39　CCM 法中 LDP 曲线计算模型

实际应用约束收敛应变方法进行围岩支护设计时需要确定允许变形量，即支护以后的围岩变形量不得超过允许值。围岩允许变形量首先需要满足围岩稳定的需要，即不出现坍塌破坏或流动变形，其次是维持围岩安全性。

满足围岩稳定的允许变形可以称为临界变形，现实中的允许变形量不得低于临界变形量，临界变形量可以参照以下方法确定：

（1）第一种估算方法：按照图 9-39 的曲线确定。理论研究和工程实践表明，软岩变形时应变量达到 3‰～4‰ 的水平时，岩石结构开始出现变化，工程中开始出现流变现象。工程实践中往往希望将围岩塑性变形控制在一定范围内，不至于使得围岩塑性变形发展成流变，按照这一原则，当采用围岩收敛应变指标时，临界变形量应控制在 3‰～4‰ 的水平。

（2）第二种估算方法：按照经验公式确定。对于圆形或近圆形隧洞，围岩临界变形量还可以按照经验公式估算临界变形量，即

$$U_{cri} = 1.073 R \sigma_{cm}^{-0.318}$$

式中　R——隧洞半径；

　　　σ_{cm}——岩体单轴抗压强度。

两种方法都缺乏普遍适用性，因此要注意：①第一种估算方法针对软岩；②第二种估算方法适用的围岩范围相对更宽一些，该估算公式显示，同等条件下，强度越高的围岩，其临界变形量越小。

CCM 法中考虑了锚杆、喷层、衬砌、拱架等几种常见支护类型，根据每种支护类型的工作原理可以分别计算它们能够提供的最大支护压力。显然，将围岩变形控制在临界值以内所需要的支护压力不应小于支护能够提供的支护压力，实际应用中后者和前者的比值被定义为支护的安全系数。

当支护系统由多个支护类型构成时，支护压力并非每个支护单元最大支护力的简单叠加，而是根据变形协同原则进行计算。

9.4.3.4　支护设计

1. 支护设计原则与要素

硬质围岩往往具备良好的承载能力，围岩支护的目的是最大限度地维持和发挥围岩承载能力。大量工程实践表明，喷锚或网锚支护是控制围岩高应力破坏的有效手段，即便是在岩爆条件下，喷锚支护系统仍然是控制岩爆风险最值得依赖的手段。

高应力条件下围岩支护设计需要考察三个方面的需要，即支护系统的承载力（支护压力）、抗变形能力和吸能能力，其中承载力概念与上述变形问题支护设计时相同。吸能能力针对岩爆条件下的支护设计需要，在矿山工程界往往体现了矿体开采或受采场影响时，巷道掘进过程微震现象对巷道支护系统的震动冲击，是深埋矿山巷道支护生存能力的重要指标。虽然水工隧洞掘进过程也可能遭遇到较强烈的微震现象，但其频繁和风险程度远低于矿山工程实践，因此，在深埋水工隧洞围岩支护设计时可以忽略支护系统吸能能力的需求。相比较而言，设计工作需要更加关心支护系统适应变形的能力，这是因为硬质围岩高应力破坏都存在时效性，即围岩破坏程度随时间不断加剧。控制硬质围岩高应力破坏随时间加剧的有效手段是及时的喷锚支护，随之而来的问题是支护系统中锚杆应力可能随时间增长而导致支护长期安全性风险，解决这一矛盾的现实可行措施是提高支护系统的变形适应能力。由于喷层和钢筋网都具属于典型的柔性支护，都具备良好的变形适应能力，因此，围岩支护系统变形适应能力设计的关键是锚杆的延伸率。

针对高应力破坏洞段的支护设计考虑了这些因素的影响，设计工作建立在如下假设和要求基础上：

（1）当围岩存在高应力破坏风险时，支护系统必须在出现可以观察到的宏观破坏之前完成施工，即通过及时的支护维持围岩的强度和承载能力。支护系统可能存在的长期安全隐患通过增加支护系统的变形适应能力解决，其中锚杆材料的延伸率设计是具体措施和设计工作内容。

（2）现场必须采取先喷（网）后锚的施工程序，锚杆和表面支护（初喷喷层或/和网）需要通过垫板有效固定。其中的有效性包括垫板与表面支护之间的紧密接触，在高应力破坏程度相对突出时，还需要考虑达到对垫板强度及适应变形性能的要求。

2. 支护参数值计算

水工隧洞围岩高应力破坏条件下的支护设计因此包括支护力和锚杆延伸率两个方面的内容，这两个指标的定量设计依据为围岩高应力破坏程度（潜在破坏坑深度），主要针对围岩屈服破坏过程产生鼓胀变形及其可能导致的围岩破坏。因此，围岩支护设计主要依据围岩破坏深度和潜在的鼓胀程度。具体设计过程如下：

（1）计算围岩破坏深度 D_f。完整性良好的围岩高应力破坏深度与岩石强度和隧洞断面上地应力状态密切相关，围岩破坏深度计算公式为

$$D_f = R(1.25SRF - D_0)$$

$$D_0 = 0.53 - 0.00167(m_i - 9)$$

式中　m_i——Hoek-Brown 强度准则中的岩石材质指标。研究和工程实践表明，$m_i < 9$ 所对应的岩石脆性特征弱，不满足围岩高应力破坏的条件。

注意：D_0 计算式是本研究提出的修改结果，既往成果中不考虑 m_i 项。

（2）围岩支护压力计算。高应力破坏条件下围岩支护压力来源于两个方面需要：一是维持破坏范围内围岩稳定性，避免产生坍塌破坏；二是限制屈服破坏围岩的鼓胀变形，为此，围岩支护压力 P_{design} 的计算为

$$P_{design} = K_p(W_1 + W_2)$$

其中
$$W_1 = 9.8\gamma \frac{D_f}{10^6}$$

$$W_2 = \begin{cases} 0, & SRF < 0.6 \\ \dfrac{SRF - 0.6}{10SRF}, & SRF \geqslant 0.6 \end{cases}$$

式中　K_p——安全系数，一般为 $1.0\sim1.5$；

　　W_1、W_2——描述了屈服破坏围岩的坍塌机制和鼓胀机制对支护形成的荷载；

　　　γ——岩体容重，kN/m^3。

（3）锚杆长度和延伸率计算。锚杆长度设计的基本要求是需要穿过围岩屈服破坏区并进入承载圈，因此受到破坏深度 D_f 的影响。同时，锚杆长度设计还需要考虑围岩总变形量。

锚杆延伸率计算的主要依据是屈服破坏围岩的鼓胀变形，除取决于围岩破坏程度以外，还受支护系统的抑制作用。锚杆延伸率设计时需要先估算围岩在考虑支护系统作用下的变形程度，计算公式为

$$U = D_f \times BF \times 10 (mm)$$

$$BF(\%) = \begin{cases} 0, & P_{design} = 0 \\ 3.1 - 2\ln P_{design}, & P_{design} \neq 0 \end{cases}$$

式中　BF——变形程度，其数值为百分比。

锚杆长度为
$$L = D_f\left(1 + \frac{BF}{100}\right) + 2 (m)$$

锚杆延伸率为
$$\varepsilon = \begin{cases} 0, & L < 2 \\ \dfrac{U}{L}, & L \geqslant 2 \end{cases}$$

9.4.4　洞室工程支护案例
9.4.4.1　工程背景

我国西部某大型水电工程，坝址区位于深切峡谷地带，坝址区河床海拔约为 1600.00m、岸坡最高海拔约为 2440.00m，坝区两岸山体陡峻，基岩裸露，岸坡落差高达 800m，为典型的深切 V 形谷。

坝区地层为三叠系平卧褶皱地层，左岸揭露平卧褶皱核部及其两翼地层，岩层走向与河流流向一致，左岸为反向坡、右岸为顺向坡。岩性以厚层大理岩、砂岩、砂板岩为主。场址区断裂相对发育，类型较多，其中左右两岸各发育一条区域性断裂F1、F2。

鉴于地形和构造条件复杂，地下隧洞群埋深条件、与地质构造的方位关系相对复杂，且围岩岩体质量变化性较大。在构建三维地质模型（图9-40）基础上，分析隧洞群不同部位围岩埋深、构造条件、围岩质量的空间变化性，并采用工程实践中常用的经验性方法进行隧洞稳定评价，给出建议的支护方案和支护参数，并进行相应的布置设计。

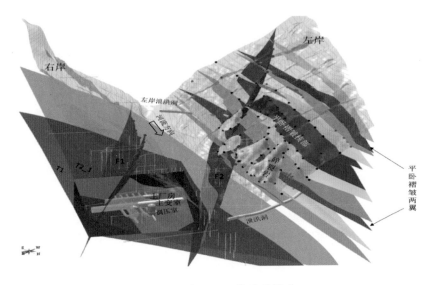

图9-40 坝址区三维地质模型

9.4.4.2 轮廓设计

隧洞在断面编辑以及轴线创建完成后生成。隧洞轴线可以从外部文件导入，也可以在平台中创建；轴线编辑和断面编辑相对独立，可以分别完成，完成轴线编辑后，可以对隧洞的断面轮廓进行参数化编辑。图9-41为左岸泄洪洞的三维模型。

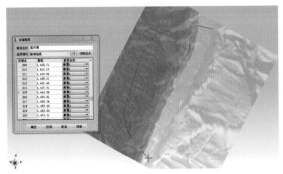

图9-41 左岸泄洪洞三维模型

9.4.4.3　分段与赋值

泄洪洞依次穿越了 T2_3、T3_1、T3_2、T3_3 地层，按地层将泄洪洞划分为 9 个洞段，对各洞段依次赋予岩体力学参数以及地应力。图 9-42 为隧洞分段结果及各洞段洞向。图 9-43 为各洞段力学参数赋值。

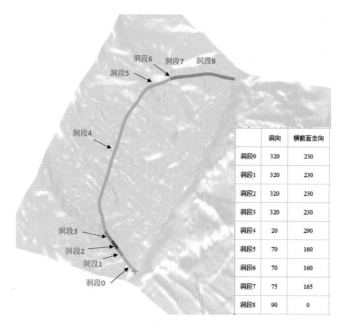

图 9-42　隧洞分段结果及各洞段洞向

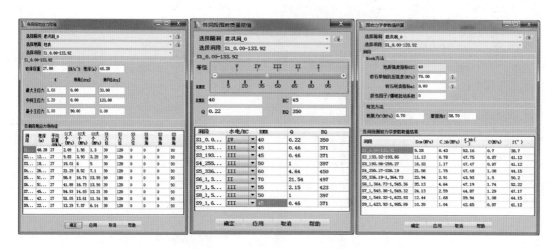

图 9-43　各洞段力学参数赋值

9.4.4.4　分析评价

1. 经验分析方法

平台内置的隧洞稳定性评价方法中，高应力问题采用 Hoke 方法，变形问题采用 Hoke 方法、收敛约束法等。

Hoke 稳定性评价依据如图 9-44 所示，对所有洞段分别给出 4 种情形若干等级的判断结果。图 9-45 为各洞段的稳定性评价结果。

2. 洞室压力计算

平台内目前开发的洞室压力计算功能主要考虑矩形断面、城门洞型断面两种类型，圆形断面和组合型断面暂不支持压力计算。本案例泄洪洞选择洞段后，计算理论选择适用于深埋洞室的普氏理论，输入普氏系数、岩体密度、内摩擦角，按侧壁不稳定假设计算洞室压力，计算结果如图 9-46 所示。

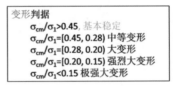

RMR>=55/60: 岩爆倾向；考察SRF值，
SRF<=0.45, 基本稳定
SRF=(0.45, 0.6) 弱
SRF=(0.60, 0.9) 中
SRF=(0.90, 1.2] 强
SRF>1.2: 极强

RMR=[40, 55/60)
且 σ_{ci} >= 80MPa, 松弛；σ_{ci} <80, 变形问题

RMR<40, 变形问题

应力松弛判据
σ_{cm}/σ_1 >0.7, 基本稳定
σ_{cm}/σ_1=[0.7, 0.45) 弱松弛
σ_{cm}/σ_1 <0.45 强松弛

变形判据
σ_{cm}/σ_1 >0.45, 基本稳定
σ_{cm}/σ_1=[0.45, 0.28) 中等变形
σ_{cm}/σ_1=[0.28, 0.20) 大变形
σ_{cm}/σ_1=[0.20, 0.15) 强烈大变形
σ_{cm}/σ_1 <0.15 极强大变形

图 9-44 稳定性评价依据

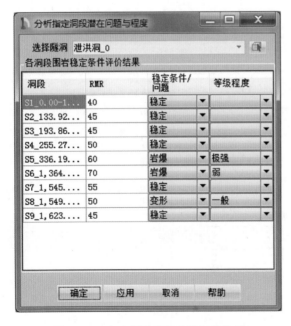

图 9-45 各个洞段的稳定性评价结果

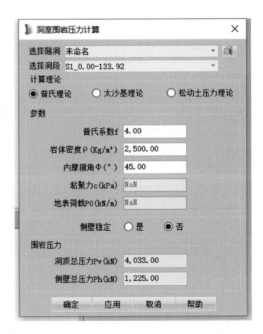

图 9-46 洞室压力计算—普氏理论

9.4.4.5 支护设计

系统中采用的支护设计方法包括 Q 系统、RMR 方法、水电规范方法以及 CCM 法支护设计。根据每个洞段给出的支护方案要求，进行支护方案的布置设计，断面支护设计时分为顶拱、边墙、底板三个部分，可分别指定支护方案，自动列出各方案设定的加固件间距、喷层厚度，布置参数支持用户自行设置排距、支护起始高度。支护设计对话框如图 9-47～图 9-50 所示。

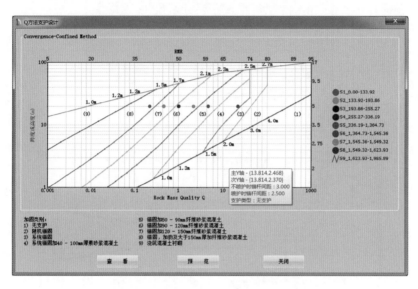

图 9-47 基于 Q 系统的支护设计

图 9-48 基于修正的加拿大安省法的高应力洞段支护建议

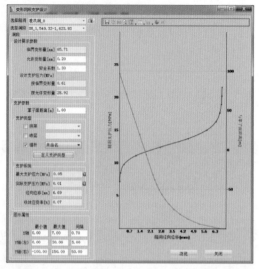

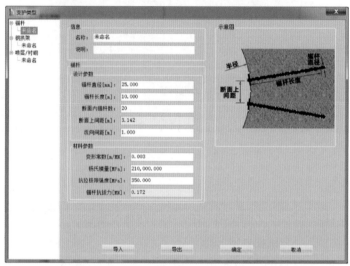

图 9-49　基于 CCM 法大变形洞段的支护设计

9.4.4.6　工程量统计

完成左岸泄洪洞支护设计后，可以进行工程量统计、报告输出以及二维图件输出等，该项目各洞段开挖工程量如图 9-51 所示，输出的报告成果设计图如图 9-52 所示。

9.4.5　工程应用——某水电站导流洞

9.4.5.1　工程背景

某水电站位于四川省阿坝藏族羌族自治州金川县境内的大渡河上游河段，导流洞长 1042.87m，进口为岸塔式，进水口底板高程 2153.50m，断面尺寸为 12.5m×14.5m（宽×高），轴线方向进水口为 SW245°，出水口为 SW200°。导流洞最大垂直埋深线 380m，沿线横穿 $T_3z^{2(8)}$～$T_3z^{2(1)}$ 岩组薄层～中厚层状变质细砂岩夹碳质千枚岩，岩层产状 NW320°～330°SW∠60°～89°。图 9-53 为某水电站三维地质模型。

图 9-50　支护布置设计

洞段	长度/m	HC等级	RMR	方量/m³
S1_0.00-133.92	133.92	IV	40	42071.36
2_133.92-193.8	59.94	III	45	18832.2
3_193.86-255.2	61.41	III	45	19293.4
4_255.27-336.1	80.91	III	50	25419.25
_336.19-1,364.	1028.54	III	60	323125.02
1,364.73-1,545	180.63	II	70	66019.78
1,545.36-1,549	3.97	III	55	1449.85
1,549.32-1,623	74.61	III	50	27269.61
1,623.93-1,985	361.96	III	45	132293.91

图 9-51　各洞段开挖工程量

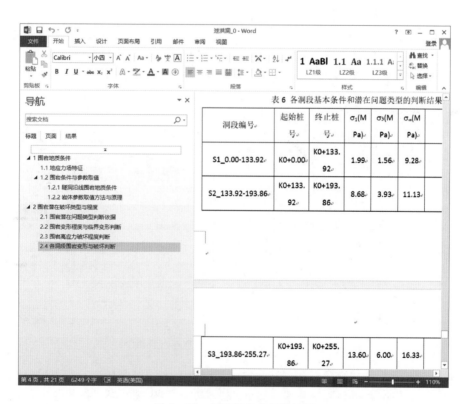

图 9-52　洞室报告成果设计图

图 9-53 某水电站三维地质模型

9.4.5.2 轮廓设计及洞段划分

导流洞轴线编辑及断面编辑完成后，可创建导流洞三维模型。某水电站导流洞断面为城门洞形，包含近十种洞径形式。本次建立了 4 种洞径尺寸进行测试。图 9-54 为导流洞轴线编辑及断面编辑，图 9-55 为平台内生成的导流洞三维模型。

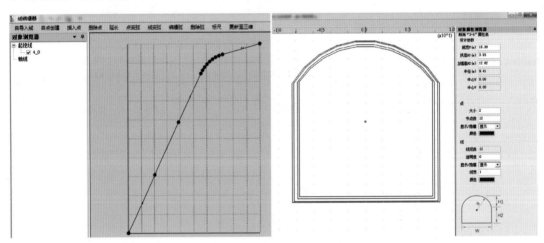

图 9-54 导流洞轴线编辑及断面编辑

导流洞三维模型建立好后，利用某水电站划分的 8 大岩组将导流洞切割后分段赋值计算。图 9-56 为岩组切割分段示意图，图 9-57 为导流洞分段结果（按颜色表示）。

9.4.5.3 计算及加固

导流洞分段完成后，对各段进行参数赋值，参数赋值包括围岩质量赋值、地应力赋值、力学参数等，赋值完成后进行围岩稳定计算。参数赋值如图 9-58 所示，稳定分析计算结果如图 9-59 所示。图 9-60 和图 9-61 为推荐支护方式。

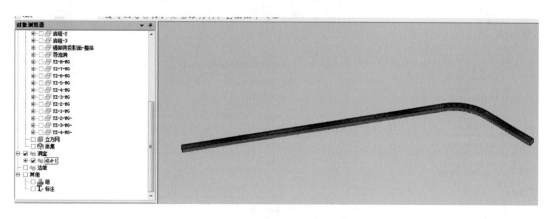

图 9-55　导流洞三维模型

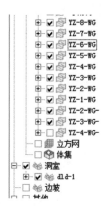

图 9-56　岩组切割分段

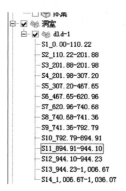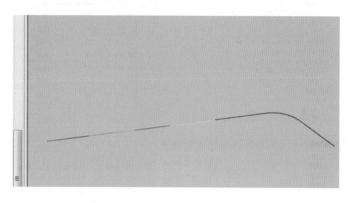

图 9-57　导流洞分段结果

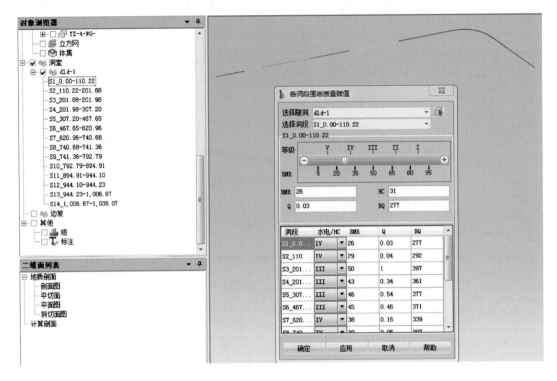

图 9-58 参数赋值

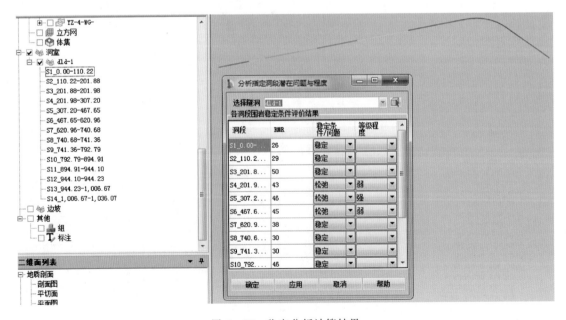

图 9-59 稳定分析计算结果

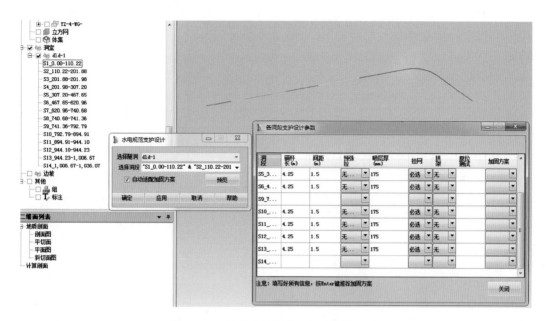

图 9-60 推荐支护设计（水电规范方法）

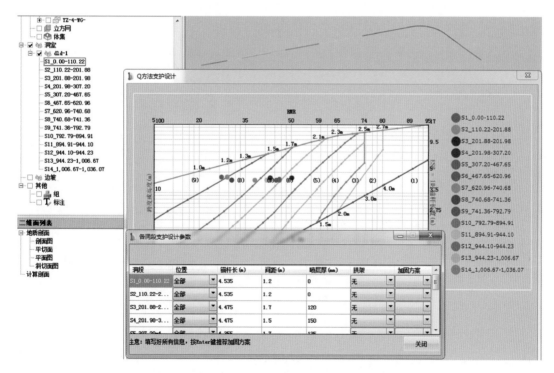

图 9-61 推荐支护设计（Q 方法）

第 10 章

工　程　应　用　案　例

10.1 某抽水蓄能电站勘察数字化成果及应用

某抽水蓄能电站位于陕西省商洛市镇安县月河乡境内，地处秦岭山，交通较为便利。电站建成后主要服务于陕西电网，承担调峰、填谷、调频、调相及事故备用等任务。

某抽水蓄能电站属纯抽水蓄能电站，电站装机容量 1400MW（4 台×350MW）。设计年发电量 23.41 亿 kW·h，年抽水电量 31.21 亿 kW·h。2016 年 3 月 25 日，项目获陕西省核准，2016 年 8 月 5 日，项目正式开工。枢纽工程主要由上水库、下水库、输水系统、地下厂房等组成（图 10-1）。

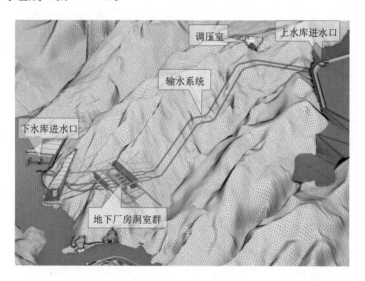

图 10-1 某电站布置图

10.1.1 数字化成果

某抽水蓄能电站在勘探施工过程中共布置钻孔 276 个，平洞 31 个。其中厂房区布置 8 条平洞，平洞位置高出主要洞室顶拱 42~45m，共揭露和统计出 1040 条断层、裂隙。

在勘探和测绘数据成果的基础上，某抽水蓄能电站取得的数字化成果包括：区域工程地质数据库（包含上述勘探点的电子化数据，如图 10-2 所示）、区域三维地质模型（图 10-3）、区域倾斜摄影模型（图 10-4）等。其中，区域工程地质数据库完成了 276 个钻孔以及 31 个平洞编录信息的录入，钻孔的录入方式为钻孔 App 实时编录上传，平洞的录入方式为 Excel 表格导入，大大节省了人力物力。

图 10-2　某抽水蓄能电站工程地质数据库

图 10-3　某抽水蓄能电站三维地质模型（CnGIM）

10.1.2　数字化成果应用

某抽水蓄能电站勘察数字化成果的主要应用为开挖料容量复核及地下厂房岩体质量分级。

1. 开挖料容量复核

某抽水蓄能电站上水库位于月河右岸支沟——金盆沟，利用沟谷地形筑坝形成水库。正常蓄水位 1392.00m，死水位 1367.00m，挡水建筑物采用混凝土面板堆石坝，最大坝高（坝轴线处）125.9m，正常蓄水位以下库容 896 万 m^3，调节库容 850 万 m^3。库盆防渗采用沥青混凝土面板（库底）＋混凝土防渗面板（库岸）的组合全库盆防渗方案。

上水库位于金盆沟中段，左岸发育杨家湾沟，库尾左支沟为芹菜沟，右支为空洞沟（主沟）（图 10-5）。库周东、南、西三面均由山梁组成，山顶高程为 1402.00～

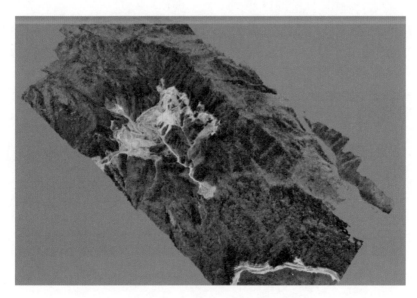

图 10-4　施工期地表倾斜摄影模型

1618.00m，南面黑山最高，山顶高程为 2000.90m。库周地形封闭条件较好，除左右岸坝头和东面山梁较单薄外，其余地段山体雄厚。上水库（坝）区出露地层主要为泥盆系中统地层和印支期侵入的花岗闪长岩地层（图 10-6），第四系覆盖层以崩积（Q_4^{col}）为主。按地层由老至新简述如下：

图 10-5　上水库库盆地貌

（1）泥盆系中统古道岭组上段（D_2g_2）：本地层岩性主要包括白色大理岩、灰白—灰黄色透闪石大理岩、结晶灰岩等。其中，白色大理岩主要分布在上库坝址区两岸，厚层状，结晶灰岩主要分布在库盆东、西侧。透闪石大理岩主要分布在芹菜沟杨家湾沟之间山梁及花岗闪长岩下部，岩质较软弱。

图 10-6　上水库库盆地层岩性分布图

（2）侵入岩。本地层主要为印支期宁陕第三段侵入体，岩性为灰白色花岗闪长岩（$\gamma\delta_5^{1-c}$），具有半自形细粒状结构，块状构造。主要分布在库盆南侧及东南侧，芹菜沟至 Y2 路延伸段范围。

（3）第四系全新统（Q_4）。本地层主要以崩积（Q_4^{col}）、崩坡积（Q_4^{col+dl}）为主，主要分布于冲沟、坡脚及缓坡地段。组成物为含大孤石的块石、碎石土，浅黄、黄褐、深灰、灰黑等杂色，除崩塌体外，一般厚为 1.5～5m，右岸崩塌体一般厚 12～18m，最厚24.8m。块石直径一般 20～60cm，约占 40%，孤石约占 8%，一般 2～3m，最大可达8m，岩性为大理岩、结晶灰岩、花岗岩砂岩，均为弱风化。

上水库库盆计算采用平行断面法，容量复核采用三维模型进行。根据上水库库盆揭露的风化界线、岩性界线，建立三维地质模型（图 10-7 和图 10-8），对设计开挖范围内不同岩性储量进行计算，上水库库盆开挖料储量复核后，与前期对比见表 10-1，可以看出：

图 10-7　料场三维地质模型图

图 10-8　设计开挖线范围岩性分布图

（1）上水库库盆复核计算总量与前期计算基本相当，覆盖层总量相同，花岗闪长岩总体上变化不大。

（2）主要差别。

1）强风化量增大，主要是前期表部大部分没有体现强风化，经现场复核后整体上增加了强风化层。其中结晶灰岩、大理岩一般厚3～5m；Ⅲ区1号梁花岗闪长岩强风化厚度约5m，2号梁强风化厚度12～16m，3号梁强风化厚度15～25m（孤山梁部位厚度约30m），4号梁强风化厚度18～25m（孤山梁部位厚度35m）；Ⅳ区强风化花岗岩厚度13～20m（空洞沟侧孤山梁部位厚度约30m）。

2）新揭露一层透闪石大理岩条带，灰白—灰黄色，薄层状结构，岩质较软，从之前的结晶灰岩中分离出来。

复核结果是开挖料中强风化岩、透闪石大理岩增加，相对较好的弱风化结晶灰岩料、弱风化花岗闪长岩量减少。

表 10 - 1　　　　　上水库库盆开挖料复核与前期计算对比　　　　　单位：万 m³

岩性及风化			复核计算（三维模型）	前期计算（平行断面法）
覆盖层			76.76	76.76
结晶灰岩	强风化		30.04	15.4
	强风化块石		24.76	
	弱微风化		299.15	402.1
花岗闪长岩	强风化		72.83	31.0
	弱风化上部		85.84	
	弱微风化		138.67	277.6
白色大理岩	强风化		1.26	
	弱微风化		3.73	7.4
透闪石大理岩	强风化		20.12	
	弱微风化		58.14	
强风化			124.25	46.4
结晶灰岩强风化块石			24.76	
花岗闪长岩弱风化上部			85.84	
弱微风化			499.69	687.1
岩石总量为			734.54	733.5
总量			811.30	810.26

2. 地下厂房岩体质量分级

基于 CnGIM 的岩体质量分级分为以下几个步骤：

（1）在 CnGIM 中打开输水系统和地下厂房的建筑物模型。

（2）连接数据库，将数据库中录入的岩体质量分级指标导出至 CnGIM，如图 10-9 和图 10-10 所示。

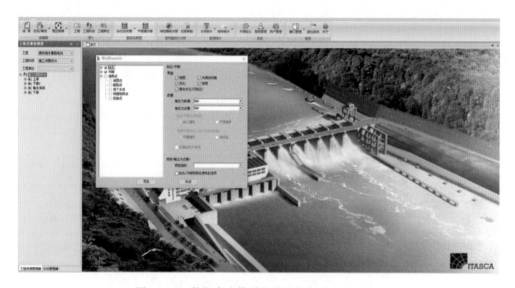

图 10-9　数据库岩体质量分级指标导入 CnGIM

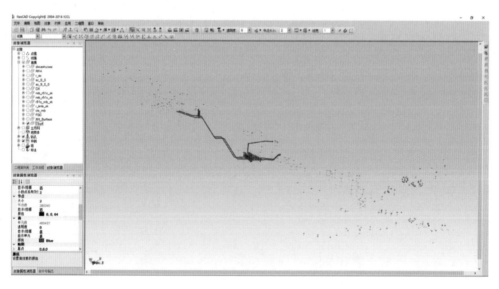

图 10-10　勘探点位和输水系统三维展布

（3）立方网区域划分：在立方网对象下点击【工具】→【区域】→【面切割创建】，地表、弱风化以及岩性分界面将立方网划分为若干区域（图 10-11）。将地表以上设置为空气单元，该区域不参与岩体质量分级（图 10-12）。

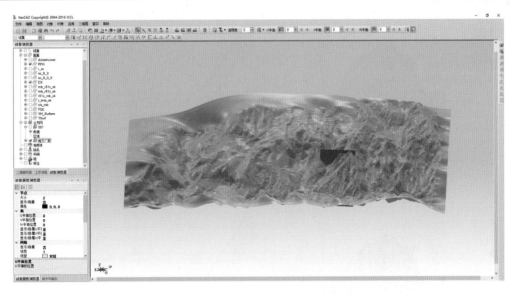

图 10-11　某电站区域地表和地质界面

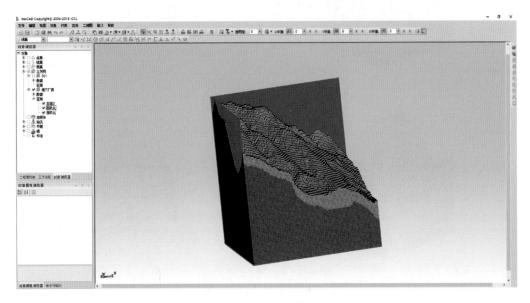

图 10-12　立方网切割和创建过程

（4）岩体质量分级。在立方网对象下点击【数据】→【岩体分级】，选择生成的立方网，导入参数指标（UCS、RQD、节理线密度、节理面状态、地下水条件）进行迭代计算。计算需达到收敛，检验标准可以参考前后两次差值结果的差异，如果差异较小，则认为已收敛；如果未收敛，则在已有插值结果的基础上继续插值计算，直至收敛。分级指标配置完成后，进行岩体质量分级。

对立方网分别进行 RMR 分级、BQ 分级和水电围岩 HC 分级，分级后将分级结果映射到厂房建筑物上。最终，所得立方网和地下厂房建筑物的岩体质量分级三维展示如图10-13 所示。

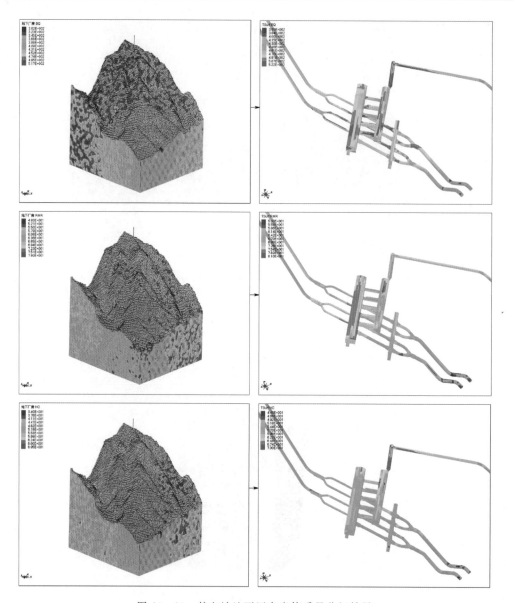

图 10-13　某电站地下厂房岩体质量分级结果

10.2　某水电站勘察数字化成果及应用

　　某水电站位于四川省阿坝藏族羌族自治州金川县境内的大渡河上游河段。水电站以发电为主，水库正常蓄水位 2253.00m，总库容 4.8775 亿 m³，为日调节水库，装机 4 台，总装机容量 860MW。枢纽由混凝土面板堆石坝、右岸溢洪道及泄洪洞、左岸引水发电系统等组成。图 10-14 某水电站库区地形地貌图。

10.2.1　数字化成果

　　在某水电站的三维数字化设计与移交过程中，勘察专业 BIM 设计主要是建立满足施

图 10 - 14　某水电站库区地形地貌图

工阶段设计深度的主要地质构造、岩性、水文地质等，建立工程区三维地形、地质 BIM 模型及属性信息。

　　某水电站的勘察数字化成果主要有数据库建立、坝址区三维地质模型的建立、导流泄洪系统三维地质模型、计算模型及其围岩类别划分、引水发电系统三维地质模型、计算模型及其围岩类别划分。以上勘察数字化成果的建立为其应用打下坚实的基础。某水电站的勘察数字化部分成果如图 10 - 15～图 10 - 17 所示。

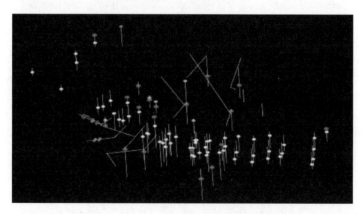

图 10 - 15　某水电站勘探布置数据库

10.2.2　数字化成果应用

　　某水电站实施全过程三维 BIM 设计为电站建设提供有效的数据支撑，为智慧电厂及数字电站奠定坚实的数据基础。针对勘察数字化成果应用，主要有以下几个方面：

　　（1）某水电站设计模型的引入直观地展现了控制性的地质构造与建筑物的关系。基于地质信息模型将设计模型进行围岩类别的划分，开展三维地质演进预报（图 10 - 18），实

图 10-16　某水电站枢纽区三维模型

时提醒现场人员前方开挖存在的安全风险以及可能遇到的地质问题，不仅提高了施工效率，同时也为安全管理提供了强大支撑。

（2）料场容量的复核以及二维图纸（平切图、剖面图）的输出。

（3）利用某水电站三维地质模型，发出近 10 份设代通知，三维展示更加形象立体，进行设计交底时更加通俗易懂。

（4）通过某水电站三维地质模型的建立，项目人员均加强了对三维软件的熟悉及应用，并对数字化建设有了整体的认识。

图 10-17　某水电站料场实景模型

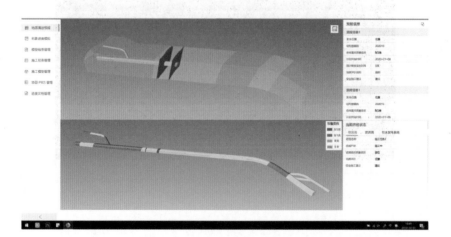

图 10-18　三维地质演进预报系统

参 考 文 献

［1］ 彭土标. 水力发电工程地质手册［M］. 北京：中国水利水电出版社，2011.

［2］ 钟登华，李明超. 水利水电工程三维地质建模与分析理论及实践［M］. 北京：中国水利水电出版社，2006.

［3］ 许国，李敦仁，王长海，等. GOCAD 地质三维建模技术及其在水电工程中的应用［J］. 红水河，2007，26（z1）：113－116.

［4］ 张夏欢，高谦. GOCAD 三维地质建模技术在矿山边坡工程中的应用［J］. 矿业快报，2008，24（9）：113－121.

［5］ 魏群，党丽娟，张俊红，等. GOCAD 在岩体三维可视化模拟中的应用［J］. 煤田地质与勘探，2008，36（5）：15－19.

［6］ 李树武，许晓霞，王小兵. 西北院工程三维地质设计技术应用与发展［J］. 西北水电，2020（4）：4－8.

［7］ 苏振宁，邵龙潭. 基于有限元极限平衡法的三维边坡稳定性［J］. 工程科学学报，2022，44（12）：2048－2056.

［8］ 李云波，董泳，刘肖峰，等. 基于 Slide 的水电站高边坡稳定性分析及支护方案研究［J］. 水力发电，2023，49（3）：29－32，103.

［9］ HANGZHOU L.，TONG G.，YALIN N.，et al. A simplified three－dimensional extension of Hoek－Brown strength criterion［J］. Journal of rock mechanics and geotechnical engineering，2021，13（3）：568－578.

［10］ 禹海涛，胡晓锟，李天斌. 基于 Hoek－Brown 准则的非常规态型近场动力学弹塑性模型［J］. 同济大学学报（自然科学版），2022，50（9）：1215－1222.